太空人都在做什麼？

第一位自拍太空漫步的宇Tuber
揭露國際太空站工作型態，
探討SpaceX掀起的航太技術革命

野口聰一 著

陳綠文 譯

宇宙飛行士野口聡一の全仕事術

民營航太企業SpaceX開發的太空船乘龍號載人1號（Dragon Crew-1）「堅韌號」（Resilience），於2020年11月15日 晚 間7點27分成功發射。火箭一邊分離一邊航向國際太空站（ISS）。©NASA

上／往ISS靠近的乘龍號。
下／與ISS對接！
©JAXA/NASA

從ISS穹頂艙（觀測用的半圓形屋頂）看到的地球。© Soichi Noguchi

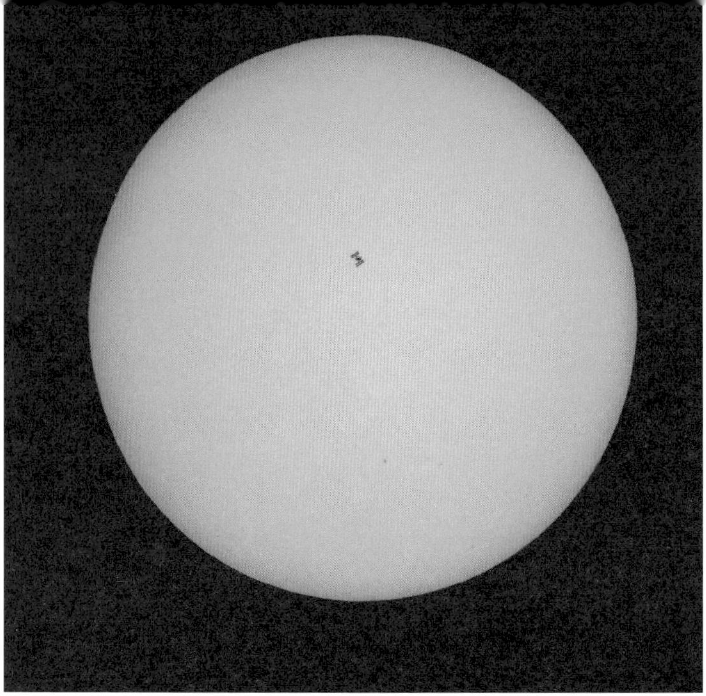

ISS以每秒八公里的速度繞行地球。照片為2021年4月23日，ISS經過太陽時的剪影。©NASA

停靠在ISS中的乘龍號，以及月球。©JAXA/NASA

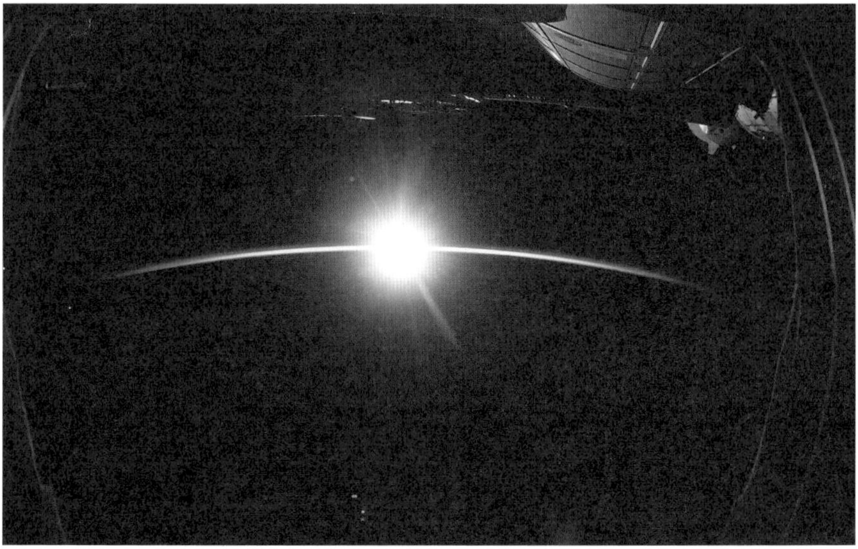

從ISS穹頂艙看地球的日出。©NASA

在地球上流動的極光。©NASA

從太空重返大氣層的太空船「乘龍號載人1號」。2021年5月2日，降落在美國佛羅里達州外海，返回地球。
©NASA

本書獻給已故的立花隆先生

目錄

序章

第1章　終極遠距工作

SpaceX打造的太空革命

太空梭和聯盟號飛船的時代

太空觀光時代來臨

第5章　太空人的內心世界

從太空歸來的人

面對職業倦怠

堅韌的生活態度

結語　太空與我的未來

序章

新型太空船「乘龍號」發射升空

二〇二〇年十一月十五日，晚間七點二十七分，美國的民營航太企業「SpaceX」所製造的新型太空船「乘龍號」（Crew Dragon），由佛羅里達州卡納維爾角（Cape Canaveral）的甘迺迪太空中心發射升空。

約十二分鐘後，機體進入航向國際太空站（ISS）的軌道。搭乘太空船的四名太空人，各個難掩對民間首次正式成功載人飛向太空所產生的興奮情緒。我身為首次搭上民營太空船的日本人，直到現在都還記得這次與自己過去兩次的太空飛行有著截然不同的體驗。

環視統一以黑白色調的時尚風格設計而成的乘龍號太空船內部，可以看到駕駛艙內的配置就像直接嵌入平板電腦一樣，並列排放著簡潔、一目了然的觸控螢幕。我搭乘過美國的「發現號」（Discovery）太空梭，以及俄羅斯的「聯盟號」（Soyuz）飛船，其駕駛艙內都密密麻麻地排滿各種按鈕和儀表板，艙壁上也充滿無數的電纜。我早已看慣如機械室般的駕駛艙，如今被乘龍號這個設計得宛如展示間、井然有序的駕駛艙深深吸引。

在乘龍號載人1號內部。左起為夏農・沃克（Shannon Walker）、維克多・葛洛佛（Victor J. Glover）、指揮官麥可・霍普金斯（Michael S. Hopkins），三人皆為NASA太空人；右一為野口聰一，JAXA太空人。©NASA

搭載太空人的座椅，坐起來就好像整個身體被包裹在蠶繭裡面一樣，十分寬敞舒適。艙壁上也設有巨型窗戶，彷彿伸手可及一般，能清楚看見生機盎然的地球。我們身上穿的，是由好萊塢電影《蝙蝠俠》的服裝造型師所設計的太空衣，穿起來合身，動起來也很輕快。就這樣，我們正在努力實現曾被認為是幻想的太空旅行。

發射升空約二十七個半小時後，乘龍號成功與距離地球四百公里遠的國際太空站對接。我馬上就引用我喜愛的漫畫《鬼滅之刃》中的名言「全集中の呼吸」（全集中呼吸），向地球發送這樣一段話：

「日本的各位，乘龍號載人1號順利與國際太空站對接了。能見證民營太空船的成功，我真的感到非常幸福。雖然我們『堅韌號』的全員在訓練期間，以及太空船升空後，也面臨各種難題，但我們都『全集中』地克服困難了。接下來停留在太空的這半年時間，讓我們也繼續分享彼此的感動吧！All for one. Crew-1 for all.」

「堅韌」（resilience）這個詞所代表的，是從困境中重新站起來的韌性，以及復原的能力。而「Crew-1」則是我們搭乘的乘龍號載人1號的英文名稱。當時，正值新冠疫情在全球大流行，我在這段訊息中，想傳達的是「人人為我服務，我們Crew-1為人人服務」。也就是說，我想號召大家團結合作，讓在國際太空站的我們，與在地球上的各位攜手併肩，共同面對疫情帶來的挑戰。

太空的遠距工作環境

一輪滿月浮現在漆黑的太空中，發出強烈的光芒。不久，它失去了光芒，就像融入被染成湛藍色的地球大氣層一般，逐漸沉沒……

這種如幻想般的景色很難在地球上看到。配合這般景色，我彈奏著帶有悲傷旋律的蕭邦〈離別曲〉，並在最後揮手說聲再見。

以上，是我從國際太空站上傳到YouTube的影片內容[1]。影片長度為兩分零九秒。觀看次數已經超過十八萬次。在留言區裡，出現了這樣的文字：

「自從看了野口先生的 YouTube**之後，我就越來越被太空和野口先生的魅力深深吸引。」**

「我的眼淚都流出來了。謝謝您帶給大家那麼多感動。」

我開設YouTube頻道「Soichi Noguchi」後，持續上傳八十多部自己拍攝的影片。因為想讓地球上的各位親身感受到，那些在地球上早就習以為常的播放網路影片，在如今的國際太空站也是理所當然的事情。

在國際太空站，發布影片也逐漸成為尋常事務了。拜科學技術的發展所賜，透過人造衛星連接的通訊環境，與過去相比也有著極為明顯的改善。

我第二次造訪國際太空站是在二〇〇九年。那時終於可以透過網際網路瀏覽網頁，我便嘗試挑戰連上推特[2]的頁面。但是因為當時頻寬還很小，光是上傳一張照片就已經耗盡全力了。不過，二〇二〇年十一月時，連接國際太空站和地球的通訊環境已有大幅改善，可以毫不費力地傳輸檔案大的影片。不僅可以發送數分鐘的剪輯影片，還可以發送以4K解析度拍攝的絕美太空影片。這裡已經具備不亞於地球的網路環境了。

像這樣的通訊環境，並非全是為了上傳影片到YouTube準備的。現在，利用網路圖像傳輸系統，聯繫地球上的美國國家航空暨太空總署（NASA），及日本宇宙航空研究開發機構（JAXA），已是習以為常的事。無論科學實驗不可或缺的操作手冊檔案有多大，都可以從地球把檔案發送到太空，還可以從太空向地球直播我們進行科學

1 譯註：影片名稱「FINAL ショパン　別れの曲」，網址：https://www.youtube.com/watch?v=HDZkuZ9osaU。

2 譯註：二〇二三年改名為「X」，本書出版時間為二〇二一年，故使用舊稱「推特」。

實驗的過程。

雖然，在距離地球四百公里遠的太空中漂浮著的國際太空站與地球上的工作人員，雙方被物理性地分隔在不同的環境，但現在已經能透過舒適的通訊環境將彼此連接在一起了。每天早上，我們都會先和地球上的工作人員開會，確認指令後再開始工作。在國際太空站工作，就是一種「終極遠距工作」。

國際太空站本來就是一個封閉的空間，從擁擠程度來看，或許也可以說，我們正待在一個比在地球上遠距工作還要艱辛的環境裡工作。除了無法輕易出艙轉換心情，在長達半年的停留期間，我們時而飽受壓力，也時而感到孤獨。因此，我經常會利用週末等閒暇時間，打電話給日本的朋友。在國際太空站裡，使用的語言終究是以英語為主。打電話回地球，我就能用日語說話，這對我來說，無疑是最有效的轉換心情的方法。

撥往地球的一通電話

這是發生在二〇二一年春天的事。我拿到國際太空站的ＩＰ電話（使用網際網路通話的電話應用程式）後，試著向日本朋友撥了一通電話。經過幾聲長長的撥號音後，朋友終於接起電話，但他好像感到有些詫異。我聽到電話裡傳來一聲有點低沉的「Hello」。或許是因為看到智慧型手機上顯示的國際電話號碼，所以覺得有些吃驚吧。我開口和他打了聲招呼：「我是從國際太空站撥號的野口。」接著，他驚訝地喊了一聲：「咦！」電話那頭的他似乎有點說不出話，過了一段時間後，他大聲喊著：「從太空打來的？不會吧！」

雖然這通突如其來的電話讓朋友大吃一驚，但我們都很享受這段短暫的交談時光。不過，在我返回地球的數個月之後，他也向我透露了當時在接到這通從太空打來的電話時的心境：

「接到電話的時候，那些因為疫情長期待在家中所產生的壓力，一切都煙消雲散了。」

這是令我意想不到的。原本撥電話給朋友的我，才是那個想要藉由聽見朋友的聲音來獲取力量的人。對於只要待在太空中，無論如何都很容易在精神上感到孤立的我來說，透過與朋友通話，能讓我產生「原來我不是獨自一人」的正面思考。

沒想到，原來在地球上的朋友也跟我有相同的想法。這種消解壓力和恢復精神的效果，竟然同時出現在太空中和地球上。這意想不到的效果，著實勾起了我極大的興趣。

回想起這件事的當下，我深深感覺到「自己無論何時都能與世界相連」，也覺得「這種能取得聯繫的心情才是最重要的」。

雖然我停留在太空中一處封閉的空間裡，但這並不代表我就被孤立了。從物理上被隔離開來的場所，要如何才能與他人產生精神上的聯繫呢？人會藉由自己與他人的關係，以及自己與社會的關係，來認識自己的存在，如果沒有身處在像鏡子一樣可以反映自己的群體中，那麼人或許也會是一種無法確認自己所處位置的生物吧。

Empathy not Sympathy（與其同情，不如同理）

我認為，在前述「撥往地球的一通電話」的小故事中，其實隱藏著非常關鍵的心靈之鑰。那就是身在太空中的我，與地球上那位因新冠肺炎疫情而必須待在家中的朋友，同樣都克服了隔離與孤立的困境，能夠共感彼此的心情。在新冠肺炎疫情肆虐的美國，「empathy」這個帶有「同理」及「感同身受」等意思的單字，也逐漸成為重要的關鍵字。這是因為，在當今這個時代，重要的是「empathy」，而不是「sympathy」

（同情）。

簡而言之，如果經過大腦思考，理解對方的狀況後，向對方表示「感覺你的處境很可憐」的話，就是同情。另一方面，同理的意思，大概就是將對方抱持的感情、面臨的處境，都完全如實地當作自己的事情來接納。雖然無論同情或同理，都同樣是人類自然流露的情感，但兩者之間還是存在著微妙的差異。

二〇二一年秋天，美國曾遭遇颶風侵襲，造成嚴重的洪災。看到新聞報導接連播放房屋被洪水沖走的畫面，我的內心便悲痛到宛如被撕裂一般。這樣的情感，究竟是同情還是同理呢？

如果自己沒有遭受大洪水侵襲的親身經驗，那麼即使能以大腦思考來理解受災戶所感受到的苦楚，實際上也還是沒有親身體會到相同的痛苦吧？這就是同情或憐憫，也就是「sympathy」。

但是，如果本身有過相似的經歷，或許就能具體感受那樣的痛苦，打從心底共感對方的情緒，向對方表示「我當時也抱著孩子，非常辛苦」，或者「當時的景象又浮現在我眼前了」等等。能夠帶入感情，把對方的事當作自己的事來看待，這就是「empathy」。

長期停留在太空中的我，能深刻明白待在封閉環境中的艱辛之處，也了解孤立有多令人感到難受。正因如此，我才能對因為疫情而必須長久待在家中的人產生移情作用，共感對方的情緒，能設身處地體會並理解對方正面臨的困境。在試著深入探究之後會發現，人能否與他人的情緒產生共鳴，或許取決於人生經驗的深度。

堅韌：從困境中站起來的力量

我在太空中長期逗留的那段期間，沒有一天不想著地球上的事情。尤其是新冠肺炎疫情持續擴大的那段時間，病毒肆虐全球，阻礙了人們的行動，使得大家被迫長期待在家中，甚至到了足不出戶的程度。無論願意與否，當時遠距工作被稱為「新常態」，人們陷入不得不改變生活方式的窘境。同樣的，在太空船中工作也能體會到相似的狀況。當時為了與大家一起跨越疫情帶來的困境，SpaceX開發的新型太空船「乘龍號載人1號」，便被命名為「堅韌號」。

太空人就是位在距離地球十分遙遠的太空中，被分秒必爭的日程表追著跑的「終極遠距工作者」。多年來，我從與地球通訊的細節，以及太空人之間的人際關係中，累積了人生智慧。此外，我從三次上太空的經驗中，也學會觀察身心狀態的徵兆，以及維持身心安定的方法。接下來，我想和讀者一一分享從中體會到的寶貴經驗。

張貼在ISS內部的「乘龍號載人1號」任務貼紙，以及 四位太空人的簽名。©NASA

第1章

終極遠距工作

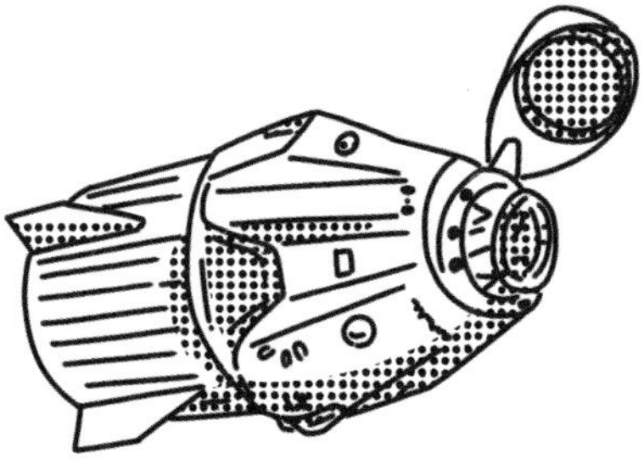

乘龍號太空船

我是在太空工作的遠距工作者

相隔十年再度來到國際太空站

二〇二〇年十一月十七日凌晨，SpaceX的新型太空船乘龍號載人1號，順利與相當於國際太空站出入口的氣閘艙對接。

氣閘艙的內外兩側分別設有艙門。為防止空氣外洩及避免物品突然飛出，內外艙門之間是真空狀態。想要通過這裡進入國際太空站艙內，需要花時間慢慢調整氣閘艙中的氣壓。在此期間，我們四名太空人將飛行時穿著的太空衣換成相同款式的紅色polo衫，準備進入艙內。

對接兩小時後，氣閘艙的艙門終於打開了。我就像在水裡游動的魚一樣，奮力從乘龍號中跳出來。

「啊……好懷念的味道啊。」

流動在國際太空站內的空氣，飄散著由金屬機具產生的獨特氣味。相隔十年後，我又再次聞到這刺激鼻腔的氣味。接著，我看見三名先抵達的太空人張開雙臂，滿臉笑容地迎接我們的到來。

與先遣隊員熱烈擁抱後，我們先在國際太空站內參觀，走遍每一個角落。這裡是日本、美國、俄羅斯等十五個國家共同參與的太空基地，由用來進行實驗和研究的設施「實驗艙」、太空人的生活空間「居住艙」，還有提供電力的太陽能電池板，以及在進行艙外活動（又稱「太空漫步」）時大顯身手的機械手臂等設施構成。如果讓國際太空站直接降落在地球上的話，其大小差不多能填滿一座足球場。

我們待的美國居住艙「二號節點」，以及俄羅斯的艙室裡，共有六個被拿來當寢室使用的單人房。雖然距離有點遠，但從二十多年前就發揮國際太空站核心機能的「一號節點」，則設有餐桌和廚房。而同樣由美國提供的生活艙「三號節點」內，除了有洗手間、健身器材和跑步機等運動器具外，其他生活必需品也是一應俱全。雖然以前洗手間經常故障，但現在已經加以改善了。

隨著乘龍號的加入，停留在國際太空站的太空人首次達到七人之多，唯一的難處就是因此還缺少一間單人寢室。於是，美國太空人麥可．霍普金斯（Michael S. Hopkins）便將乘龍號的貨艙改為寢室使用。

與十年前相比，國際太空站的設施與結構幾乎沒有什麼不同。不過，這裡的居住環境發生了很大的變化。出乎意料地，居住艙內的物品越來越多。可能是因為持續進行許多科學實驗的關係吧，在這個狹小的空間裡，艙壁的上下左右都附有各種實驗器材和備品的收納袋，周圍則圍繞著大量的電器配線。仔細一看，還安裝著以前沒有的3D列印機。不管怎麼說，只要增加新的物品，就一定會有越來越多舊的物品被置換、留在那裡。說不定，接下來國際太空站也要開始進入斷捨離的階段了。

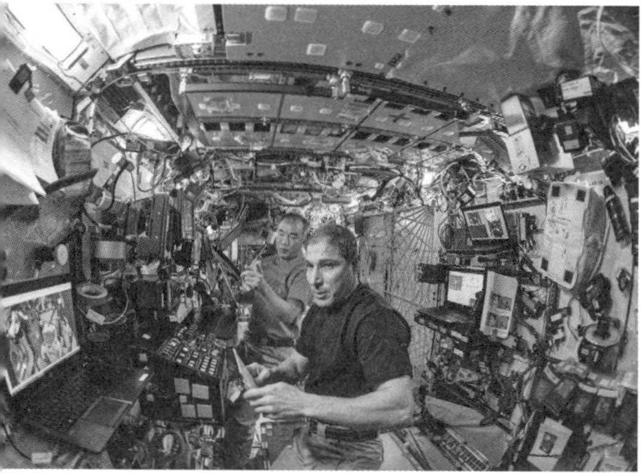
艙內到處都設有電腦和平板。照片中人物為太空人麥可・霍普金斯與我。©NASA

想要穿梭在這個越來越狹窄的艙內，就必須注意不要撞到其他人，感覺好像行走在擠滿客人的商店街裡一樣。

此外，在國際太空站各處都可以看到艙壁上延伸出許多正在運作的筆記型電腦，一眼就能看出這裡正是位於太空中的遠距工作基地。

從地球遠端操控的分身機器人

「國際太空站的攝影機正在運轉哦！啊，窗外可以看到藍色的地球了！」

這是乘龍號抵達國際太空站三天後的事。二〇二〇年十一月二十一日（日本時間），在東京都港區「虎之門之丘」（虎ノ門ヒルズ）開設的活動會場，可以聽到民眾發出的驚嘆聲。

活動會場設有圓盤狀的操控面板，將手指放在上面，以摩擦物品般的方式輕觸面板之後，就可以遠端操作設置在國際太空站日本實驗艙「希望號」上的分身機器人，透過機器人的動作，便可以將各個角度拍攝的太空景色的影像傳回地球上。

這款被命名為「space avatar」的分身機器人配有４Ｋ攝影機，可以即時傳輸高畫質影像。

為了試驗看看，我在希望號的艙內藏了兩種工具。於是，分身機器人接收到來自地球的尋找工具指令後，便開始到處搜尋。或者，當我擺出某種姿勢後，分身機器人也開始跟著模仿我，上下左右晃動擺出滑稽的姿勢。當分身機器人面向窗戶，將從太空捕捉到的地球景象傳送到地球時，活動會場也隨之產生熱烈的迴響。

其實，這樣的行動或許也能被稱為是一場打破規矩的實驗。本來，為了保護國際太空站的設備不受失誤操控影響，只有像NASA及JAXA等事先規定好的基地，才被允許透過數據通訊來發出指令。不過，這次由於某家日本民間企業具有能擔保通訊安全性的先進技術而得到認可，因此首度可以從基地之外的地方，經由JAXA發出指令。

這很可能會讓人產生一種錯覺。原本從物理距離上來看，國際太空站中的工作人員是位在與地球相距甚遠的地方，但現在，他們就好像實際待在自己的身旁一樣。然而，想要單靠地球上的遠距離操作，就讓國際太空站的所有機器都能自動運轉的時代，大概還在十分遙遠的未來吧。因為如果不親自到現場，以人為的力量竭盡所能地維持運作，國際太空站隨時可能會停止運轉。

終極遠距工作・艙外活動

在黑暗的太空中挑戰艙外活動

二〇二一年三月五日，上午十一點三十七分。我和NASA的太空人凱薩琳・魯賓斯[1]打開通往艙外的氣閘艙門，緩緩地躍入真空的環境中，就此展開一場長達六小時五十六分鐘嚴酷的艙外活動。

我們被賦予一項非常重要的任務。先前一組太空人在進行艙外活動時，未能成功設置新型太陽能電池陣列（巨型太陽能電池板）的基座。我們這次要處理的，就是重新安裝這個基座。國際太空站的大小就跟一座足球場差不多大，我們移動到國際太空站外的最左端，在一個照常理來說並非能安裝物件的位置，用巨大的螺絲釘裝上新的基座。那是個連扶手都沒有的地方。這是一場需要用手摸索的任務。

隨著科技發展，太陽能電池的性能也逐漸提升。跟二十多年前裝置於國際太空站的電池相比，即使尺寸不到一半，也能輸出兩倍以上的功率。

於是，國際太空站計畫保留舊有的太陽能電池陣列，並在新的位置設置基座，安裝新型電池。為此，必須尋找能夠設置新基座的地方。我們到達的位置，就是國際太空站的最左端。

出發前，已經以國際太空站實際使用的零件做過預備測試，也測試成功。但是，經歷二十多年的時間，國際太空站的外壁已經逐漸劣化，導致原先在地球上測試時能使用的零件，與實際的尺寸有著些許差異。也因為如此，使得先前要設置基座的太空人，怎麼樣也無法完成安裝。究竟，這次能否順利進行呢？說我自信滿滿肯定是騙人的。

我們從氣閘艙出來後，開始沿著設置在艙外的把手移動。一段大約五十公尺的距離，我們花了三十分鐘左右才走完。這雖然出乎意料，但很多人並不知道，其實在艙外活動用的救生索，長度只有二十五公尺。因此，想要到達國際太空站的最左端，只靠一條救生索是不夠用的，我們必須在中途更換別條救生索才行。經過一番困難地摸

1 譯註：Kate Rubins，全名為 Kathleen Hallisey "Kate" Rubins，作者以「凱特」稱之。凱特是先抵達國際太空站的三位太空人之一。

索前進後，到達的地方就是「P6桁架」。這座看起來像是蜻蜓展開雙翅一般的巨大結構，正是太陽能電池陣列。以國際太空站的運行方向來看的話，它就位在左舷的最左端。

這裡是國際太空站的最左端，是我過去進行三次艙外活動時，不曾體驗過的位置。這裡是超乎想像的世界。艙外的把手就只設置到這裡為止，前方已經沒有任何裝置，有的只是伸手不見五指的黑暗。就算用頭燈照射，也不會出現任何反射。「好奇怪啊？已經是夜晚了嗎？」我疑惑地往下一看，只見明亮的地球浮現在一片漆黑之中。果然，現在還是白天啊。

進行艙外活動時，必須沿著國際太空站外大量設置的把手移動。照片上的人物為太空人維克多·葛洛佛。©NASA

凝視國際太空站的前方，可以看到前方融入在光線無法照射到的漆黑之中，彷彿虛無的世界突然裂開大嘴，不承認宇宙萬物的存在。連同這一次，我的太空人生涯總共經歷四次艙外活動，這是我第一次被這種感覺侵襲。腦中以為自己能理解當下的狀況，但面對伸手不見五指的世界時，卻產生一種難以形容的恐懼感。我想，那就是死寂感吧。

我用手指勉強揪住還能抓到的把手末端，好不容易才能支撐起整個身體。接著，我使勁伸直另一隻手，開始以特殊工具奮力拴緊巨大的螺絲，以便將基座組裝到太空站的外壁上。

作業進行時，我也有好幾次覺得自己要被吸進黑暗的洞裡。我明確地意識到，只要鬆開手指，就會通往死亡的世界。這已經不是處在生與死之間的分界線上，而是處在只有微微一點的分界點上了——只有指尖連接在通往生存的世界，而身體的其他部分將要進入死亡的世界。

雖然我們身上綁著救生索，實際上應該不可能發生那樣的事，但我還是忍不住想到，要是我就這樣被那個黑暗世界吞噬，說不定我就會成為宇宙中的碎屑，不被任何人發現，消失得無影無蹤……

終極中的終極遠距工作

雖然我們為這次的艙外任務準備了新的工具，但是能隨身攜帶的物品實在有限。

平時使用的電腦，還有整合作業指示的操作手冊，也都因為尺寸太大而無法帶出去。即使有可以裝在單邊手臂上的小型筆記本，能夠記錄的內容還是十分有限。

更何況，待在太空就等於持續暴露在危險之中。這是因為，被稱為「太空垃圾」的太空碎片（space debris）正在太空中四處交錯飛行。雖然說是垃圾，但與一般的家庭垃圾截然不同，實際上是舊有的火箭或太空船上脫落的小零件和螺絲等碎屑，不斷在太空中高速交錯行進。雖然這些太空垃圾幾乎都只有數公釐到數公分的大小，但即使是一公釐以下的碎片，只要撞上國際太空站，很可能造成像子彈穿透般的風險。實際上，國際太空站的外壁也充滿無數個因太空垃圾碰撞所產生的傷痕。

如果在這種地方出問題，會發生什麼事？唯一能幫助我的，就是地球上的飛行控制員與管制官，而我與他們聯繫的方法只有一條語音線路。一旦通訊狀況出問題，這條線路也會中斷，我就會與所有人斷絕聯繫。因此，我認為艙外活動是「終極中的終極遠距工作」。

在正午前從國際太空站躍出艙外的我和凱特，持續埋頭執行這次設置基座的重要任務。在太空中實際操作與在地球上做預備試驗，果然不是同一回事。我們無法按照原定計畫做好設置工作。我一邊與地球上的管制官反覆進行密集的交流，一邊使出超乎想像的力量拴緊螺絲，拚命想辦法要完成安裝。

就在這個時候，意外事故發生了。為預防萬一，執行艙外活動時，我們都會定期檢查太空衣和手套有沒有問題，這是定好的規矩。然而在設置作業開始約三個半小時後，我透過語音線路聽見搭檔凱特的聲音：

「手套可能有破洞。」

迫在眉睫的危機

我和地球上的管制官一同接收到凱特傳來「手套可能有破洞」的訊息後，立刻就意識到事態的嚴重性。如果手套上有破洞的話，就很難長時間抓住艙壁上的把手，也很難用力拉板手。更因為手套上的破洞會一下子就擴大開來，可能會發生氧氣外洩的風險。

太空衣的手套是由多層結構製成的，根據凱特所說，她手套表面的矽膠層的確有出現損傷。然而，這個損傷究竟是只停留在最外部的矽膠層呢？還是已經深入到下層的強化纖維？單憑太空衣頭盔那有限的視野所能看到的景象，想必也很難判斷。如果這個破洞一直延伸到手套下層的話，很快就會引起氧氣外洩的危險。由於手套與太空衣是連成一體的設計，所以手套破洞也會造成太空衣整體的氣壓下降，導致氧氣不足。如此一來，氧氣筒內的氧氣就會瞬間用光，直接關係到生命的安危。

造成這個事態的原因很容易想像，那就是先前提到的太空垃圾。國際太空站的站體被太空垃圾碰撞到的地方，形成帶有鋒利邊緣的金屬尖刺。如果不小心碰到那個尖刺，就算是以強化纖維製成的手套，也能輕易被刺破。實際上，在過往的艙外活動中，也遇過好幾次這樣的事例。

NASA預測到可能會發生這樣的狀況，利用巨型水池讓全體太空人接受艙外活動的救助訓練。這項訓練內容是讓兩名太空人穿上模擬太空衣，並假設其中一人發生氧氣外洩事故，另一人則要設法解救發生事故的那一方。

訓練中，會假設發生氧氣外洩事故的那名太空人已經無法行動，另一人就要將那名太空人固定在自己身上，兩個人一起回到氣閘艙。此時，要好好處理執行到一半的艙外作業，將自己和搭檔的工具收拾好，把所有物品都固定在自己身上後，才能開始移動。到返回氣閘艙、關上艙門為止的限制時間為三十分鐘。這個訓練要反覆進行好幾次。如果不通過這個訓練，NASA就不會認可這名太空人擁有參與艙外活動的資格。當然，我和凱特都有通過這項訓練。

我腦中一邊回想著之前接受訓練時的執行順序，一邊等待凱特報告接下來的狀況。在繼續進行手上工作的同時，我也急切地做好各種準備，以便在無論何時接到管制官下達「停止作業！」，或「請進行緊急避難！」等指令的當下，我都能馬上流暢地轉換行動。

一開始就要直接下達指令

當凱特說她手套可能有破洞的時候，相當抑制自己的聲調。我先是回覆：「知道了，我也會做相應的準備。」之後，地球上的管制官也平靜地說：「了解，我們也會討論下一步作業該如何進行。」地球上的管制官要設想空氣外洩的狀況，開始準備各式各樣的緊急應對策略。只因為一句「手套可能有破洞」，我和地球上的相關人員就都已經做好進入戒備狀態的準備。

幸好，在凱特仔細檢查過手套之後，並沒有發現什麼嚴重的氧氣外洩跡象。因此，我們也就繼續將手上的任務執行下去了。只是，原本預計將巨型螺絲固定後，我們要各自移動到不同的位置進行其他任務。但後來接到指示，要我們改變原定計畫，先專心在當下執行的任務上，以便不幸發生氧氣外洩事故時，我們有足夠的時間應對突發狀況。我一直保持著隨時能前去救助凱特的距離，同時也想著，只要我完成設置太陽能電池陣列基座的重要任務，我們就可以平安返回氣閘艙了。

當我回想起這次事件時，又再次感受到銘心刻骨的教訓。

“Be directive than be descriptive.”

這句話直譯的意思是：比起用豐富的詞語多加說明（descriptive），更應該給予直接的指示（directive）。

遇到緊急狀況時，對於無法實際面對面討論的對象，以更直接的訊息來溝通會更好，要直接了當地指示對方：「請去做某件事。」相反的，在這種狀況下，如果管制官說：「手套有破洞的話，就可能會造成氧氣外洩。由於太空人的氧氣筒容量有限，原本預估最長能使用七個小時，但現在或許連五個小時都撐不了。剩下的時間應該很有限，請你們快點行動。」要像這樣詳細說明情況的話，那不管太空人有幾條命都不夠用吧。

如果需要馬上返回氣閘艙，管制官的命令就要從「Go Back」開始指示。總而言之，就是要先下達「快回去」的指令。這麼做的話，在艙外活動中的太空人也可以立即判斷「都已經被下達『Go Back』的指令了，無論如何就先撤退」，並馬上開始行動。若還有其他必要的說明，只要之後再解釋就好。

類似的實例是，設想在操作機械手臂的過程中突然發生緊急狀況。機械手臂必須搬運重達數噸的巨大零件，要是在操作時稍微出一點差錯，就有可能對國際太空站的外壁帶來巨大的損害。如果因為系統故障等原因，導致機械手臂開始產生異常動作，那麼立即停止操作機械手臂就非常重要。此時，管制官的呼叫指令就是「All stop」，而且還要重複呼叫三次。

和我一起完成艙外活動的太空人，凱特·魯賓斯。© NASA

太空和地球之間的通訊，有時會出現雜音或部分訊號中斷等問題。由於這些原因導致聽不清楚彼此說話的內容，對我們來說是十分常見的事情。出於以上考量，如果使用小學生也知道的簡單英文單字，並且重複說三遍，想必也能避免漏聽或誤解，讓對方接收到正確的訊息。

當然，要這麼做也有其大前提存在。那就是，必須針對這類突發狀況，做好相應的訓練和模擬實驗，並且和所有人共享關鍵詞所代表的意思。如果在沒有做好這些準備的狀態下，就開始實行太空與地球之間的遠距工作的話，本來可以控制的問題反而可能擴大。

2021年3月5日。這是我睽違15年又214天，進行的第四次艙外活動。©JAXA/NASA

與「面對面交流」完全不同的遠距工作環境

遠距工作中擾人的「時間差」

我停留在國際太空站期間，曾多次和日本各家電視台連線，參與直播節目。當時令我十分在意的問題，就是直播時的「時間差」。

我說完話之後，等接收到電視台攝影棚內的回應傳達到我這裡來為止，約有五秒左右的時間差。剛開始我單純地認為，對於需要頻繁交流的採訪來說，延遲時間這麼長，實在很辛苦啊。

平常我們與人溝通的時候，會一邊觀察並配合對方的步調來說話，所以像這種在交流過程中產生的延遲現象，哪怕只有幾秒鐘也會使人陷入進退兩難的窘境。

如果能實際與對方面對面溝通，那就算彼此應答前出現幾秒的空檔，我們也可以根據對方的表情和動作，大致去判斷下一步要採取什麼樣的行動。

但如果是透過螢幕來和對方交流的話，就會因為無法仔細觀察對方的舉止而感到不安。以國際太空站為例，轉播的過程中，有時會出現雜訊使畫面受到干擾，再加上對答時發生的時間延遲現象，很可能會在不知不覺間導致精神壓力越來越大。

與前NASA太空人進行視訊會議。©JAXA/NASA

不過，我很快就意識到，只要漸漸習慣這種延遲現象，我就能利用這個時間差來重整我要傳達的事。首先，我會一口氣把我想說的話都說完。接著，等待對方的回應傳達到我這裡來的那五秒鐘左右，我會一邊預想對方的反應，一邊在腦中反覆思考接下來要說什麼才好。將這種時間差視為前提所產生的新型態溝通方式，正好跟如今地球上盛行的遠距工作形式是相通的。

我認為，和距離自己只有三十公分的對象面對面交談，以及在遠距工作時透過電腦畫面與對方交談，這兩種不同的溝通方式，一定會有不一樣的說話禮節和交涉技巧。若要舉個稍微極端的例子，就是地球和太空之間的通訊了吧。

「不言而喻」是行不通的

不知大家是否聽過「非言語交流」（non-verbal communication）這個詞？它的意思是，試圖透過言語以外的方法來相互理解對方想表達什麼。舉例來說，像是人的表情、聲調和語氣，或者聞起來的氣味等等。在能面對面交流的空間裡，我們可以一邊透過感官掌握這些訊息，一邊與對方進行溝通。這應該是極為理所當然的交流方式。

更何況，日本社會有一種「就算我不明講，你也能知道我在想什麼」的文化。只要在公司將辦公桌並排，彼此是能共享甘苦的夥伴的話，就會形成「我們都已經是這種關係了，就算不用多問也能知道彼此想說什麼」的氣氛。這就是一種不必以言語表達，大家也能感受到現場氣氛的獨特溝通方式。

許多年長者傾向將以酒會友視為最崇高的信條。這是一種認為與其在會議上好好進行討論，不如邊喝酒邊慢慢傳達彼此想法的文化。我想，在上述這種溝通環境還能發揮得了作用的時代，日本社會與公司應該也都能很順利地持續運作下去。

然而，在經歷過新冠肺炎疫情後，出現了根本不曾並肩工作，甚至連本尊都沒見過的職場環境。不僅如此，也有越來越多新進員工連就職典禮都沒參加，或者從來沒到過公司。想必對這樣的人來說，「就算不說也能懂吧？」的交流方式是行不通的，

「喝一杯就能明白了」的手段也不管用。

想要證明的話，不妨試著將面對面談話的過程錄影，或者用文字記錄下來。藉由視覺捕捉細微舉止、透過嗅覺感受氣味，這些方法都將從言語世界中消失，因為無法做為被言語化的資訊來傳達給對方。這不就是在遠距工作這個獨特的溝通環境下存在的真實狀況嗎？如果不處於實際面對面的環境，就無法利用從感官接收到的訊息來補足。也就是說，只能靠表達出來的言詞來決勝負。

只要試想上司在遠距工作時訓斥下屬的情景就好。像是把下屬叫到自己面前那樣，隔著螢幕以相同的情緒去訓斥對方的做法，究竟能否將自己的意圖傳達給對方呢？這就宛如我們隔著螢幕，看著電視劇裡的演員朝鏡頭大吼大叫的場面一般，當上司隔著螢幕訓斥下屬時，下屬或許也正用同樣冷淡的目光看著上司。

指示要明確簡潔

有時候，我們還會看到一些政治家在失言後，又解釋「會說那句話是出於其他用意」的場面。之所以會這樣規避，是因為他們原先就用含糊其辭的話語來表達自己的想法。如果用明確的言語表達清楚的話，就沒有逃避的餘地。在這個只能透過言語來傳遞訊息的遠距工作時代，這種逃避方式也將不再管用。

若將目光轉向日本的商務場域，可以聽到「溫差」一詞。例如「東京和其他地區存在溫差」，或者「總公司和分公司之間的溫差正是問題所在」等句子。簡而言之，就是用「溫差」這個比喻來表現「那些傢伙根本搞不清楚狀況」的想法。然而，明明是想要與對方取得良好溝通，卻用「溫差」這種模稜兩可的形容的話，雙方也沒辦法好好地處理問題。

日本人在溝通時，經常試圖以含糊其辭的表達方式來完事。那麼，在無法進行這種曖昧交流的遠距工作時，應該如何彌補這種缺失？既然遠距工作時只能使用言語來表達，我們就應該選用每個人都能理解、意思明確的詞語來溝通。也就是說，如果非言語的交流無法發揮效用，那麼表達者和接收者之間，就必須使用清楚、簡潔、沒有其他解釋餘地的言語來溝通。

如果在反覆交談的過程中，遇到無法理解對方在說什麼的狀況時，又該怎麼辦呢？這時候，應該詢問對方：「請問您剛才說的是什麼意思？」這就是最好的方式。並且，這將成為遠距工作時代必不可少的習慣。

最重要的，是彼此都要理解，利用感官來傳遞訊息的非言語交流，是無法隔著螢幕實現的。雖然在日本社會，若反問對方在說什麼，可能會被認為是件很失禮的事；要是不注意用字遣詞，也可能會讓對方認為你很冷漠。但即便如此，如果不將「反覆詢問對方、相互確認話語的含意」等溝通方式常態化的話，那麼在欠缺感官訊息的溝通環境下，難得的交流也可能引發多重誤會。

只是，如果在對話過程中，不斷持續反問對方在說什麼，也可能會影響人際關係。為此，必須思考什麼樣的溝通技巧才能不造成這種不順利的局面。

日本人不擅長的「破冰」

各位是否聽過「Ice Breaking」這個詞？「Ice Breaking」直譯就是「融冰、破冰」，是指讓人在初次見面時能緩解彼此緊張感的方法。這個方法在會議上也經常拿來使用，是能讓現場氣氛緩和下來的交流方式，也是在世界各地經常被使用的流行語。

然而日本人實在不太擅長這類活動，這可能也和日本人過於嚴肅的民族性有關係吧。如果硬要以貼近我們日常生活的例子來解釋這個手法的話，就是在「漫才」[2]表演中，最初說出的、那句能抓住眾人目光的笑料。漫才表演者突然出現在舞台上，只用一句話就瞬間吸引大家的注目，一下子便讓觀眾的情緒沸騰起來，接著進入關鍵的正題。也許，這就是日本式的破冰。

也就是說，傳達想說的話固然重要，但營造傳達話語時的氛圍也同樣很重要。在乘龍號發射升空前，NASA曾為我們四位太空人製作介紹影片。其中出現一個片段，是當問到「覺得最有趣的太空人是誰？」時，另外三名太空人異口同聲地回答「聰一最有趣」的畫面。

雖然由我自己來說可能有點厚臉皮，但我還是覺得大家都認可我有「一語逗笑他人的能力」。不過，這與表達能力及人格魅力不同，需要運用到另一種思維方式。更接近於搞笑的品味，在表演剛開場的第一句話就抓住觀眾目光、使人發笑的能力。

那麼，如何才能掌握破冰的技巧呢？雖然搞笑並非我的專業領域，但若由我來說，就是要根據對方所說的話，準備能引出話題的三個回答。而到底要運用哪一個答覆才能轉換現場的氣氛，就要靠當下的判斷了。若是能做到這一點，應該能順利破冰。

不過，想要根據對方所說的話來準備能引出話題的三個回答，並瞬間做出取捨的話，那麼保持從容的心態，以及具備豐富的詞彙量，必都是不可或缺的條件。

勞務管理

國際太空站的一天

接下來，我將介紹太空人在國際太空站的一天。

在平日的國際太空站，是由早晨六點起床展開每一天的。我們有六十分鐘的早餐時間，以及三十分鐘的梳洗打理時間，接著會在七點半開始與管制中心的工作人員確認當天的作業，我們稱其為「Morning DPC」[3]，晨間會議。結束約十五分鐘的會議後，終於要進入作業時間了。包含科學實驗在內，這段時間內會一個接著一個執行各

2 譯註：漫才的表演形式，類似對口相聲，通常會由一個角色負責「裝傻」，另一個角色負責「吐槽」，就像對口相聲中的「逗哏」和「捧哏」。

3 譯註：DPC，Daily Planning Conference，每日計畫會議。

式各樣的任務。

實際上，實驗的項目也在不斷增加。二〇〇五年，我首次搭乘發現號太空梭飛往國際太空站時，由我負責的科學實驗只有五項。

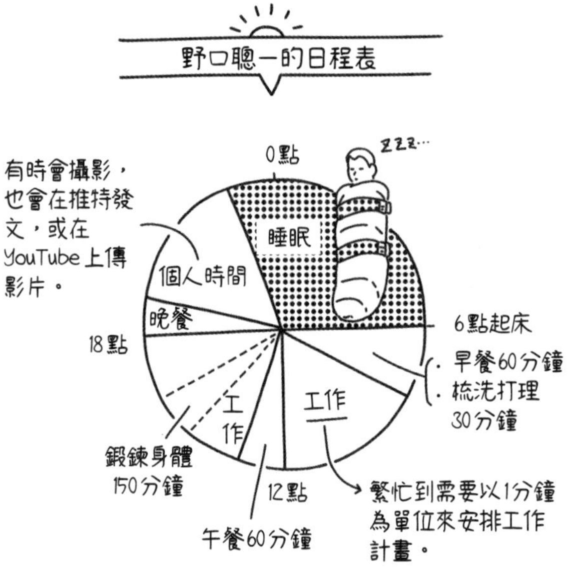

不過，這次的實驗項目多達五十項，涵蓋的主題十分廣泛，從物理學到醫學、生物學都有，這些內容全都遠遠超出我的專業領域。當中也包括為查明與失智症相關的遺傳因子，而在無重力空間進行的實驗。

由於科學實驗項目繁多，因此平日的時間安排無論如何都得分秒必爭。如果不按照計畫執行工作，甚至可能連去洗手間的空檔都沒有。為防止在無重力環境久待造成肌肉萎縮，中間也會穿插一百五十分鐘的體能鍛鍊時間。

我們的工作會在晚上六點左右結

束。在「Evening DPC」，晚間會議時間，與地球上的管制官確認工作收尾後，等著大家的，就是令人期待的晚餐聚會，在那之後便全都是個人的自由時間。就寢時間則約為晚上十點，我們必須多加留心，確保自己能有八個小時的充足睡眠。

週末的話，星期六上午是「自願服務時間」。雖然這原本是讓太空人依照自己的意願來當志工，但其實這段時間卻經常被拿來完成之前沒做完的實驗等作業。星期六下午是自由時間，但基本上會用來清掃艙內環境及鍛鍊身體。至於星期日和特殊節日，只要沒有出現特別的業務，就是休假的日子。

按照「六個月→兩週→每天」制定工作計畫

以上就是國際太空站中的官方日程表。這個計畫表中的具體工作內容，大致是按照以下順序來安排的。

首先，決定任務行程的規劃者，會先制定六個月的工作計畫。接著，會以這六個月的工作計畫為基礎，制定兩週內的計畫。雖然根據工作的進展，每週都會重新評估並調整計畫內容，但到這一階段為止，太空人不會過問。

再來是每天的日程表。從起床時間開始到就寢時間為止，中間的行程會被安排得滿滿的，而太空人大概會在一週前收到這份日程規劃。看到密密麻麻的日程規劃，真的會像字面上的意思一樣，親身體會到什麼叫分秒必爭的工作計畫，以及忙到眼花撩亂又是什麼樣的感覺。

在JAXA的筑波太空中心關注著實驗狀況的工作人員。
©JAXA

不過，實際狀況不一定會照著計畫走。原先預定一個小時要完成的作業，可能會耗費兩個小時才結束。而本來推測要花上三十分鐘才能達成的事，也可能只用五分鐘就做完了。因此，太空人被允許可自行斟酌情況，將當天的作業都統整到上午完成。如此，就可以利用空閒時間製作傳播知識的影片，或者修理壞掉的機器。

目前，如果大家想了解國際太空站的艙內狀況，除了可以透過NASA的網路頻道直接觀看影像外，JAXA也同樣會進行轉播。此外，在太空人的工作時段，也就是從晨間會議到晚間會議的這段時間內，地球上都可以隨時看到國際太空站內的影像，這已經是眾所周知的事了。雖然這麼說可能不太好聽，但總覺得我們就好像監獄裡的囚犯一樣，隨時被監視器拍攝，一直處於受到「監視」的狀態之中。

不過，那些監視器並非什麼不好的事物。讓地球上的管制官正確掌握每個太空人的工作進度，是非常重要的事。如果在實驗時遇到麻煩，管制官也能察覺狀況，藉此詢問太空人：「發生什麼問題了嗎？」

除了這些監視器，我們在每一項工作開始和結束時，也都會在電腦上記錄時間。這就好像在地球上工作時的打卡制度。從這一點來看，我們太空人也跟地球上的遠距工作者一樣，日夜都要接受各種檢查。

保持節奏感

事實上，想要在以太空人身分來執行任務的「太空人時間」，和以個人身分自主行事的「個人時間」這兩者中好好切換狀態，並非如一般想像得那麼簡單。在國際太空站工作，就等於住處和工作地點已經是近到不能再近的狀態。早上一睜開眼，所在的位置就是自己的工作場所。即便在本該休息的週末，也能看見眼前的實驗裝置正在運作當中。不知不覺間，可能會變成休息時順便工作的狀態。

尤其資歷越淺的太空人，就越會因為不得要領而無法收放自如地掌控各項事務，很容易出現過勞症狀。實際上，由於太空人每天的行事曆都被排得非常滿，因此也經常有人會在晚上花一到兩個小時加班，提前準備隔天工作要用的工具和零件，或者研究操作手冊中的內容。

過勞是十分嚴重的問題。不僅上班族在遠距工作時會發生，其實太空人也面臨同樣的處境。

以往，在搭乘太空梭的時代，停留在太空中的時間為兩週。正因如此，才有辦法持續工作二十四個小時。只要想到僅有兩週的時間，太空人也會因為希望能取得成果而卯足幹勁，努力執行任務。當發生狀況時，就會通宵處理，並在隔天與地球上的管制官報告「問題已經解決，並重新啟動了」，就好像完成任務獲得勳章一樣。這無疑是為了工作，連吃飯和睡覺的時間都可以削減的狀態。即使好不容易才能飛上太空，也有許多太空人十分自豪地說「連看一眼窗外的空閒都沒有」。由此可見，太空人實在很難區分「太空人時間」和「個人時間」。

但是，如果必須長期停留在國際太空站時，還用與停留兩週同樣的步調執行工作的話，是沒有辦法撐過六個月的，可能會導致職業倦怠。

在我第二次飛上太空時，終於開始出現針對太空人的「勞動制度改革」。我記得，那時正好是國際太空站誕生的第十個年頭。當時，開始嘗試提高每一項作業時間的預估準確度，並試圖減少加班時間。雖然規定每天的工時為八個半小時，但如果對作業時間的預估太寬鬆，那無論到什麼時候都沒辦法把工作做完，像這樣的事例也不在少數。

為此，除了透過確實向地球上的管制官報告作業開始和結束的時間，以此提升預估準確度之外，也會同時讓我們在規定的結束時間一到時，就不要再繼續執行手上的工作。即使發生問題，如果能在隔天解決的話，就會在晚間會議時決定停止作業，管制官也不會追究。後續則交由管制中心的工作人員在夜間時考慮處理措施，隔天早上我們收到解決對策或修正方案後，便會重新啟動工作。

雖說如此，有時候就算已經超時，也必須繼續努力工作。最適合用來解釋的例子，應該是無人太空貨船抵達國際太空站時的裝卸工作。當裝載新實驗機器和生活物資的貨船與國際太空站對接時，會陸續裝卸好幾噸的貨物，同時還要把必須送回地球上的物品搬運到貨船上。此外，有時也可能出現兩艘貨船接續駛來的情形。畢竟，太空船能與國際太空站對接的時間，本來就是有限的。

在貨船內的作業。貨物裝得滿滿的。© NASA

這樣的話，在進行常規工作之餘，要是沒有在第一週就盡力從貨船上卸貨，就沒辦法趕上裝貨運回地球的時間。於是，便得在幾乎通宵的狀態下拚命卸貨。現在回想起來，不只是我自己的任務，在貨船來國際太空站對接的那段期間，大家應該也都相當疲憊吧。

依我的觀察來看，一到晚上六點，俄羅斯人和歐洲人就會迅速結束手上的工作。我想，他們應該很擅長切換工作時間和休息時間吧。另一方面，日本人和美國人就不一樣了，是實實在在的工作狂。要是不制止的話，無論到幾點都會繼續工作。

微妙的加班清單：任務列表

從勞務管理上來看，太空人每天的工作日程表是不會安排加班的。但事實上，還是存在以「太空人自主性地執行作業」為宗旨所制定的「任務列表」。這就是問題所在。

老實說，地球上的管制中心經常向我們提出，「雖然工作日程表沒有列出來，但希望你們能去做」的迫切要求。即使說不用急著去做也沒關係，但對管制中心而言，只要我們去做就能為他們幫上大忙。任務列表就是如此充滿矛盾又具有巧妙意圖的作業清單。

得益於勞動制度改革，太空人的工作時間被安排得比以往還要寬裕不少。結果，也開始出現許多比規定時間還要早完成預定作業的日子。於是，以「讓太空人自己斟酌是否在空閒時間執行作業」為宗旨的任務列表就此誕生。

比方說，整理艙內的物品，或是確認在艙外活動時使用的工具是否出現異常。即便沒有管制中心的協助，我們太空人也能獨自完成這些作業。像這樣單純的作業，就經常會被列入任務列表裡。從上述的情況來看，這的確也可以說是勞動制度改革下的「副產品」。

如果當天的工作比原先預定的還要早結束，多出來的時間就會被下達「請在剩餘時間內執行任務列表裡的作業」的指示。如果時間真的不夠用，就沒有必要勉強自己去完成這些作業。但如果任務列表裡有太多處理不完的作業，太認真的太空人就很容易工作過度。

新手太空人會忍不住試著努力消化任務列表，有時候甚至會利用週末的個人時間執行作業。如果是僅需停留幾週的短期太空任務，那多少還應付得來。但如果讓必須待在太空半年至一年的長期居留者這麼做的話，就會出現問題。

不僅要保持收放自如，而且如果不下定決心「我今天不工作」的話，從工作與生活平衡的角度來看，也可能會引發一些麻煩。雖然以前的電視廣告中曾出現過「能奮戰二十四小時嗎?!」[4]這類台詞，但現在應該是「只會奮戰八個半小時！」。我想，對於維持心理健康來說，這才是更正確的方式。

4 譯註：一九八〇年代末期，日本能量飲料廣告中出現的台詞。這句台詞獲選為一九八九年日本的「流行語大賞」，反映出泡沫經濟時期，商務人士被期望能勤奮工作的時代。

遠距工作的三要素：指示、認可、責任

取代「報聯商」的新方式[5]

現在的日本社會，依舊將「報聯商」視為職場上的關鍵詞。這是將上司與下屬之間的「報告、聯絡、商量」，各取第一個字所結合而成的「傳說中的商務用語」。但所謂的「報聯商」，只是從上司的角度來看能否掌握下屬的手段而已。我認為，現在的商場上有三個重要問題，那就是朝向目標，給予明確的「指示」；「認可」工作現場人員的想法；下屬交付工作成果後，由上司「負起責任」。

總歸來說，就是「指示、認可、責任」這三項要點。對我們而言，太空人與地球上管制中心的工作人員，就相當於下屬與上司。如果彼此能實現這三項新的關鍵詞，那我們無論做什麼都好辦事了。從這一點來看，我認為自己所屬的JAXA的管制官，都會仔細傾聽太空人的意見，是能靈敏應對各種狀況、十分傑出的上司。

假如要將這三個新的關鍵詞套用在遠距工作上，第一項「指示」的意思，就是要明確指出完成期限。也就是說，要指示「該何時交出工作成果」。以太空人的任務來舉例，就是「這項實驗要在兩個小時以內完成」等，這類根據工作進展所提出的指示。而最後的「責任」，無非就是當屬下實際完成並交付給上司後，接下來便由上司承擔後續的責任。

這三個關鍵詞的重點，在於中間的「認可」。雖說是要「認可」下屬所選擇的做事方法，但關於這一點，我也有自己的見解。聽起來可能有些奇怪，但我認為重要的是上司在給予下屬「認可」之前，就要在「指示」階段盡可能明確地傳達自己的意圖，並盡量縮小下屬自我評估的範圍。

如果上司的指示模糊不清，下屬就會自行對這項指示做出各式各樣的理解。無法明定工作流程，就很容易在工作時遇到發生錯誤的狀況。若上司能在「指示」階段，就具體提出目標和做法，並且明確傳達完成期限，那麼下屬就只能遵守一定範圍內的程序來進行。如此一來，理應能減少下屬靠自我判斷來工作的狀況。

5 譯註：這個詞是諧音哏，與日文的菠菜（ほうれん草）發音相同，漢字為「報連相」。

比方說，上司說出「做法就交由你決定了」，這類看上去好像是給下屬發揮空間的話語，但實際上是透過提出極其明確的目標和流程等嚴密指示，以此約束下屬的作業範圍。從某種意義上來說，這不就是一種合理的「認可」嗎？

由於太空人的操作手冊也是寫得非常縝密，所以如果按照指示去做，理應會出現同樣的結果。如果不遵從指示，最終失敗的責任將歸咎於下屬；但如果依照指示去做，最終的失誤就是上司的責任。

掌握遠距工作關鍵的「操作手冊」

對於在太空中的遠距工作者來說，沒有什麼比操作手冊更重要的了。不用說科學實驗、艙外活動、機器手臂、機器維修等操作方法，就連與媒體合作進行的宣傳活動，以及洗手間的使用方法，這些資訊全都寫在操作手冊裡面。

我們太空人的日常生活，正是根據操作手冊的內容被規定得井然有序。或許，操作手冊也能稱為太空人與地球上的管制中心簽訂的「契約書」。

停留在國際太空站期間，需要花費大量時間在科學實驗上。可以說，實驗的成敗與否，也取決於操作手冊的品質。只要看著操作手冊上寫的文章和設計圖，就可以做到與地球上實驗相同的流程。這樣理所當然的事情，實際上卻是相當困難的。我認為在遠距工作的環境下，手冊製作者能明確提出指示是極為重要的。

在此有件希望大家注意的事。在國際太空站進行的科學實驗，並非是由太空人所提議的，也不是順應太空人的期望所做的。由於大學的研究機構或企業中的研究者認為，為了展開新的技術開發，在太空中的無重力空間進行實驗是必不可少的。因此，我們做的科學實驗，全都是基於這些想法所提案並獲得採用的實驗。實際執行實驗的太空人，擔任的是研究環節中的「操作人員」，負責的工作是照著操作手冊進行實驗並報告結果。所以，我並不能根據自己的興趣來選擇想做的實驗。

操作手冊除了由文章和設計圖構成之外，如果出現太複雜的流程，有時也會插入影片解說——這實在令人感激。手冊製作者的指示夠明確，我們就能百分百再現研究者設想的流程。這就是關鍵所在。

製作操作手冊的人是專業的技術人員。在多數情況下，都會交由擅長文書製作的技術指導員負責。因為撰寫者有必要理解提出研究主題的研究者的想法，並解讀太空人在讀過文章後應該會做出什麼樣的舉動，接著才以此基礎製成操作手冊。

既然是遠距工作，當然就沒辦法親自站在旁邊指示。由於必須把想傳達的內容全都詳細謹慎地寫進手冊中，因此製作操作手冊也需要非常傑出的技巧。必須寫得夠直接、夠明確，要做到無論讓誰來讀，都能明白「除了同樣的流程外，沒有其他方法能做」的程度，例如「抓住包裝的上部最右側，將其裁切五公分，並從那裡倒入五十毫升必要的溶液」，像這樣寫出清楚的指示是非常重要的。

即使技術指導員完成操作手冊的流程，接著還是會面臨下一道關卡。在多數情況下，會交由非負責實驗的太空人來進行「流程驗證」。也就是說，這些進行驗證的太空人，是在不具備任何相關知識的狀態下閱讀操作手冊。有時候，驗證者也會在讀到一半時指出「按照這個步驟，可能會誤操作成另一種方式」等問題。如果出現「根據不同讀法，會產生其他解釋」的情況，就會製作追加指示，以免產生不必要的誤解。

操作手冊不僅是一種必須遵守的「契約書」，有時也是研究者和技術指導員，甚至是同為夥伴的太空人所贈予我們的「禮物」。我可以感受到，為了讓在太空中進行實驗的太空人能夠不失誤地取得最好的成果，所有人都很努力從各式各樣的角度出發，反覆琢磨、刪改用語。正因如此，我們也應該抱持敬意，認真面對操作手冊上所寫的流程。

第2章

這裡是國際太空站

乘龍號載人1號「堅韌號」成員

夏農．沃克　維克多．葛洛佛　麥可．霍普金斯　野口聰一

©NASA

國際太空站的夥伴

來自各方的太空人

搭上乘龍號載人1號飛向太空的太空人，是由四名太空人所組成的多元化團隊，成員包含前空軍飛行員、女性、非裔人士，以及身為日本人的我。不分軍人平民、不分性別、不分國籍、不分人種，能像這樣任用各方人才，我甚至想拍手叫好。

為了提升團隊的效率，有時的確會出現「希望能盡量能找到背景相近的成員」的想法。然而，正因為成員背景多元，團隊才更能經受挫折，也不容易被困難擊垮。我想，因為我們能尊重差異性，才讓我們在太空這樣困難的環境中，還能保持韌性。

接下來，讓我們來看看這幾位太空人的「真面目」。

乘龍號的指揮官為麥可・霍普金斯，綽號「Hopper」，是NASA的太空人。他在美國伊利諾大學學習航太工程學，也是美國空軍的資深飛行員，這次是他第二次長期停留在太空中。我們都熱愛美式足球，只要提起美式足球的話題，兩人就會聊到欲罷不能。

麥可有兩名正在就讀大學的兒子。不知為何，兒子們沒有追隨父親的腳步，踏上學習美式足球的道路，而是一同以冰上曲棍球選手的身分活躍在球場上。停留在國際太空站期間，麥可也非常在意兒子的賽事，甚至要兒子從地球上傳送比賽的YouTube影片給他看。麥可看起來相當開心地觀賞兒子的賽事。

接著是女性太空人夏農．沃克（Shannon Walker），她也是NASA的太空人。取得美國萊斯大學的天體物理學博士學位後，她便任職於NASA，這次也是她第二次長時間派駐國際太空站。我們有很多共同點，除了年紀相同，兩人都曾在俄羅斯受訓，我們的經歷可說幾乎相同。更重要的一點是，她的丈夫是我在二〇〇五年初次太空飛行時，因同乘太空梭的機緣而認識的知心好友安迪．湯瑪斯（Andy Thomas）。

再來也是NASA的太空人，維克多．葛洛佛（Victor J. Glover）。除了身為非裔美國人之外，他也是第一位長時間派駐國際太空站的非裔人士。維克多是出身美國海軍的飛行員，也有在美軍駐日基地的工作經驗。他不只是日本的超級大粉絲，還是一位對日式料理擁有獨到見解的美食家。維克多的綽號是「IKE」，據說因為他老是說「I

即將出發上太空前，與家人和工作人員揮手的四名太空人。©NASA

Know Everything」（我什麼都知道），才會取字首的字母拼成這一綽號。雖然聽到這個綽號的由來，可能會覺得他是不是有點自視甚高，但他絕對不是做什麼事都充滿自信的人，而是一位行事非常謙虛謹慎的人。對於自己所負責的工作，他擁有比其他人更加倍的責任感。

最後是我，JAXA的太空人野口聰一。擁有搭乘過美國發現號太空梭、俄羅斯聯盟號飛船、SpaceX乘龍號這三種不同太空飛行器的經驗，我能以其他太空人察覺不到的觀點看事情，提供意見，並支援團隊。

在太空人的世界中，越早成為候選人的太空人，越容易被視為經驗豐富而受到尊敬。在乘龍號的太空人中，我是最早成為候選人的「一九九六年組」，被大家稱為「Master」。不是酒吧老闆的那個「Master」，而是「大師」的意思。

我認為，正是因為四人各自擁有不同的性格、背景，才能為我們的團隊帶來以多元性和包容性為基礎而形成的韌性。雖然乘龍號太空船的歷史尚淺，在進行挑戰的過程中也會出現各式各樣的技術課題，但每當遇到困難時，四人就會一起聚在白板前討論解決方案，或者一邊拿著操作手冊一邊檢查彼此的流程有沒有問題。

正因為看事情的角度不相同，我們才能擁有新的覺察，出現改善的契機。我想，其中也蘊含著對其他太空人的堅定信任及尊敬之心，同時我們也有一項共識，那就是當彼此接納各自不同的能力與意見後，就能凝聚團隊成員的向心力。

當艙內響起警報聲

在乘龍號的四名太空人抵達國際太空站之前，聯盟號的三名太空人（二位俄羅斯籍，一位美國籍）已經比我們早一個月抵達。兩組人會合後，在國際太空站內共同生活的人數達到史上最多的七人。由多國籍的太空人組成團隊，無論如何都會遇上言語不通的問題。雖然在實行操作和日常對話時，我們會使用英語作為共通語言進行交流，但遇到緊要關頭，一不小心就會暴露出溝通的困難。

那是在艙內響起緊急事故通知的警報聲時所發生的事。

「火災警報器為什麼會響？」

大家都拚命想掌握究竟發生什麼狀況。母語是英語的美國太空人，因為想盡快向大家傳達自己知道的消息，便滔滔不絕地一口氣說個不停。身處在這個無法輕易逃離的封閉空間中，急迫的程度已經到達最高點。

原本聽著報告的俄羅斯太空人，早就聽不下去了，喊著「等一下，拜託用我們能懂的方式慢慢說明！」來制止對方。停留在國際太空站的那段期間，類似這樣的場面曾經發生過好幾次。

大多數的警報聲都是因為機器誤判而響起的。例如，有時候火災感測器會響起警報聲，是因為感應到空氣中飄浮的灰塵。遇到這種情況時，將做出誤判的感測器重新啟動就能解決問題了。然而，太空人之間的溝通只要出現些許差錯，就可能會在彼此之間形成隔閡。

在事情發展到那樣的地步之前，我們七人約定：「越是在緊急時刻，就越要慢慢說。」與其匆匆忙忙說一大串，不如逐一清楚傳達，設法讓大家明白自己想表達的是什麼，這才是最重要的。因為這是由七人組成的一支團隊，我們必須珍惜並重視一起活動的隊友。

此外，還有一件為了避免因為語言造成隔閡而費盡心思的事情。這是一位美國太空人告訴我的一段話：

「不能讓多數派（美國人）老是聚集在一起，形成一個小團體。這麼一來，少數派（俄羅斯人和日本人）很容易就會感到不快。為了避免發生這種情況，多

數派必須時時聽取少數派的意見。」

想要經營和諧的共同生活，只有尊重並包容少數，如此團隊才能和諧相處、穩定發展。我深深認同這位美國太空人所說的話。

同樣的，團隊中說不定還會形成「軍人vs民間」，或者「SpaceX vs聯盟號」等各種小團體。我們七人煞費苦心不讓這種事情發生，努力讓團隊融為一體來行動。

團結一致的七人

火災警報器響起時，太空人各自分散在國際太空站不同的艙段中。大家迅速戴上艙內設置的防毒面罩，然後抱著滅火器前往預定的場所，確認彼此安全。

首先，SpaceX的四名太空人與聯盟號的三名太空人各自集合，確認彼此的安全。分析狀況後，由指揮官判斷究竟該搭乘各自的太空船返回地球，還是留下來排除危險。如果決定要留在國際太空站的話，七人就要全員出動進行滅火作業。

以上是在國際太空站進行緊急應變演習時所出現的場景。

除了機器運作失誤之外，有時候也會接到真實的緊急事故通知，並採取應對措施。近來經常發生的不是火災，而是空氣外洩。

其中，有二十多年歷史的俄羅斯艙段，艙體經過長時間的老化過程，不時會出現裂紋、裂縫，導致空氣外洩。每當這種時候，就會出動太空人展開防止空氣外洩的作業。

有一點可以確定的是，我們七人停留在太空期間，朝著同一個目標前進。而這個絕不動搖的目標，就是：全體活下去。

不是只有一半的人存活下來。身處在國際太空站中，當發生火災、空氣外洩，或產生毒氣時，要是沒辦法全員生還，那麼也沒有任何一個人能夠得救——我們每個人都有這個共識。

應對緊急事故時的過程中，增強了克服恐懼的意識。只要朝著同一個方向前進，我們七人就能成為一組堅韌的團隊。

何謂國際太空站的領導者

我這次在國際太空站停留期間的站長，是來自俄羅斯的太空人，謝爾蓋・雷日科夫（Sergey Ryzhikov）。與十年前相比，他似乎收斂了當年那種「我就是站長啊」的強勢態度。

謝爾蓋平時會關心太空人狀況，詢問大家「今天在做些什麼」，在進行緊急事故演習時，也會無微不至地照顧大家，讓全員能夠順利達成目標。他已經完全成為一名能細心照料他人的站長了。

我想，要帶領形形色色的成員前行的團隊領導者，應該也具有各式各樣的風格。一種是不斷彰顯自己的領導者身分，並命令成員正確服從其指示；另一種是協調型領導者，一邊聆聽成員當下的感受，一邊尋求解決問題的最大公約數；還有一種類型，是平常不會刻意強調自己的領導能力，只在發生問題時才會明示「責任全在我」的領導者。

最近觀察國際太空站的站長，發現如今大家開始追求的是協調型領導者。站長必須整合站內全體太空人的意見，站長的角色更接近「中階管理人員」。這個傾聽眾人意見的職位會成為非常重要的存在。我認為，現在的國際太空站似乎不再需要強勢的領導者，這裡已經進展成能讓眾多夥伴發揮各自能力的協作型團隊了。

此時，我想起自己在二〇〇五年首次太空飛行時，從發現號太空梭的女性艙長艾琳．科林斯（Eileen Collins）那裡聽來的一段話：

「領導者的職責不是滿足所有人的要求，而是要確保每個人不滿的程度沒有差異。」

團隊中成員所抱持的不滿，經常會存在差異。如果明明滿足了某位成員的90%，卻只滿足另一位成員的30%，那團隊就無法順利發展下去。必須妥善處理，讓每個人即使有不滿，那些不滿也都是處於相同程度的「皆大歡喜」狀態。也就是說，最好均分所有人的不滿。

比方說，在國際太空站中，艙外活動是很受歡迎的一項任務，如果太空人被安排到這項任務，想必會覺得很開心吧。但即使不是被安排到參與艙外活動的人，也可以讓他擔任太空船對接過程的主導者，或者讓他負責操作機械手臂等工作，把他放在受人矚目的位置。如果能高明地分配每個人的工作，也就能均分大家的不滿。

由於每位太空人都是具有高度適應能力的人才，因此看似只要有心，無論誰都能成為團隊的領導者，但事實卻並非如此。能否成為出色的領導者，看的是他會用什麼方法來達成團隊期望的目標，以及他是否具備將必要職務分配給不同成員的能力。

然而，想達成這樣的管理方式，就必須隨時關注團隊成員的狀況，不能忽視他們各自心懷的微小不滿。對領導者來說，必須具備發現並處理這些問題的能力。

日本實驗艙希望號第64期長期駐守的七名太空人。© NASA

與夥伴的「距離」

拉近距離與保持距離

既然在國際太空站這個封閉的空間裡，共有七名太空人在一起生活，那麼「無論誰和誰互動，都能保持在一個沒有壓力的狀態中」，就是我們必須面對的課題。太空人之間要拉近距離、融洽相處的祕訣，出乎意料地在於「運動」和「飲食」。

為防止在無重力的環境下久待造成肌肉萎縮，我們每天都會固定抽出一百五十分鐘來運動。實際上，太空人在運動時，可以完全不回應地球上的管制官和其他夥伴的呼叫。這是定好的規則，因為運動並非強制性任務，而是賦予我們太空人的權利。

返回地球後，我經常聽到別人說：「要運動一百五十分鐘，還真辛苦呢！」但這反而是誤會。因為運動的這段時間，正是能放鬆並轉換心情的最佳時機。在國際太空站中，連結各國實驗艙和居住艙之間的通道設有健身專區，那裡會擺放折疊式的多功

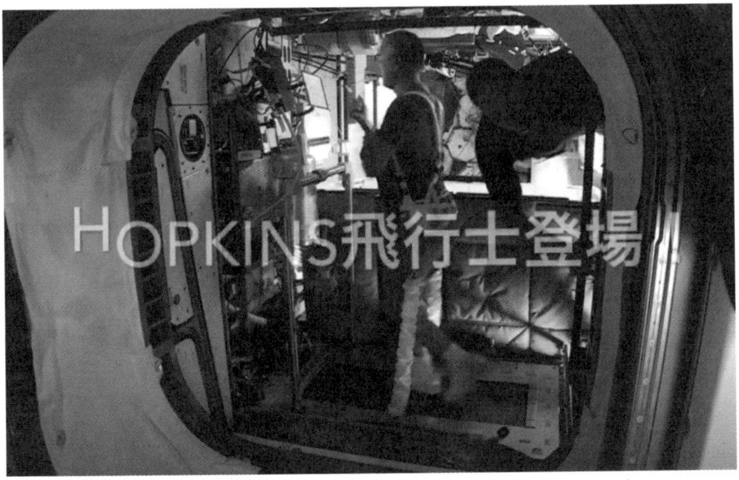

太空人從跑步機旁邊經過，早已是不足為奇的景象。（自 YouTube 截圖）

能健身器材、跑步機、附有功率計的腳踏車等運動器材。

雖然只能單獨使用運動器材鍛鍊身體，但是在更衣或者休息時，可以和同時在健身區的太空人進行交流。因為這裡是人來人往的要道，所以也經常會與執行作業中的太空人擦身而過。這正是彼此互相寒暄的最好時機。

平常會去健身房的人，應該也有過這樣的經驗。有時在運動過後，身心放鬆下來，沒由來地想跟那位經常在健身房遇見的陌生人搭話。如果彼此意氣相投，說不定還會發展成「運動完去喝一杯」的關係。或許是因為當下是遠離工作的放鬆狀態，心情也變得更開放的關係。不好好利用這個時機，又更待何時。

包含太空人星出彰彥在內，乘龍號載人2號的太空人加入後，十一人一起愉快用餐。©Soichi Noguchi

再來就是用餐時間。在一天三餐中，工作結束後的晚餐時間，是所有太空人齊聚一堂的「大團圓」時刻。除了抱怨工作上的不滿，有時也會從家人的事情聊到將來的夢想，彼此有說不完的話題。人在用餐時，會漸漸變得沒有防備。這段時間會成為一個能讓人毫無壓力地談論私事的絕佳時機。

尤其每週五的夜晚又格外特殊。大家決定在吃完晚餐後，一起共度電影之夜。除了與太空相關的電影之外，我們也會觀賞英雄電影、喜劇電影等各式各樣的題材。由於隔天是星期六，即使早上賴床也沒關係。能像這樣一邊看著電影，一邊滔滔不絕地聊個不停，對大家來說也是非常寶貴的交流時刻。

除此之外，電影之夜時吃的點心也實在令人難以忘懷。美國人總喜歡在看電影的同時，熱熱鬧鬧地邊吃邊喝。我每週都會準備日本的巧克力點心請大家吃。很榮幸地，在太空飛行任務結束後，大家都喜歡上日本的「Pocky」餅乾棒了。

國際太空站的寢室。能讓人獨處的珍貴空間。© NASA

在進入職場之後，因為身分或處境的影響，往往會阻礙我們自在地談論關於個人的話題。但正因如此，如果能透過聚餐或放鬆的時刻來縮短人與人之間的距離，自然也能放下自己的心防，好好享受沒有壓力的對話。

此外，還有一個不能忘記的重點。和「與他人拉近距離」同樣重要的，就是確保能享有獨處的時間與空間，並有意識地保持不過於親近的距離感。

在國際太空站的各艙內，大部分是全體人員共同使用的空間。也因為這樣，太空人能確保的個人空間，只有各自被分配到的單人寢室。我們必須尊重他人，不隨便去敲其他人的房門。無論對方多麼善於社交，也一定想擁有屬於自己的獨處時間。休假日可以賴床不起，就算想一直窩在房間裡不出來也沒關係。我認為，共同生活最重要的，就是能對這些理所當然的事情達成共識。

尋找讓自己感到安定的位置

加入新的團體時，可以試著這麼思考：「在這個團體之中，能夠讓我安定下來的位置在哪裡？」好好環視周圍，看看成員之間是如何互動的。像這樣仔細地觀察非常重要。

接著，想想自己要在團體中取得什麼樣的定位。可能是領袖，也可能是追隨者。無論是什麼樣的定位，只要找到適合自己的位置，便能感到更舒坦，也能逐漸減輕在團體中的壓力。

這次，在我們四名乘龍號的太空人到達國際太空站之前，三位聯盟號的太空人已經在那裡停留一段時間了。首先，我們要清楚這三人所形成的團隊動態（這有一門學問，稱為「群體動力學」[1]）。接著，要逐一確認我們這組新加入的人員應該擔任什麼角色。

別想得太複雜。事實上，那些看似平常的活動，比如大家一起用餐，或之前提到的聯合緊急應變演習，就可以確認每個人的角色。

當七人一起烹煮料理、共享菜肴，或者一起進行演練時，自然就會發現「這個人具備領導能力」、「那個人適合做檢驗工作」、「那個人比較喜歡動手做」，以此找出每個人適合在團隊中擔任什麼角色。

話雖如此，如果總是小心翼翼地觀察周遭，太在意別人的感受，你可能無法長時間派駐國際太空站。

此時，可以想想日本前首相小泉純一郎常說的「鈍感力」。簡單來說，意思大概就是：「由於日本人總是太顧慮別人的感受，很容易會感到身心俱疲，但其實周圍的人並沒有如自己想像的那樣一直關注著自己，所以我們不如就稍微再過得遲鈍一些吧。」

因為過度在意他人評價，而導致自己心力交瘁，實在太不值得了。與其如此，不如試著打開心扉，去感受人與人之間的溫暖連結，以及敏銳地察覺他人豐富的情感。我認為，想要做到這一點，就必須時刻保持對他人的尊重。

在跨文化群體學習

來自世界各國的太空人在國際太空站聚集，每位太空人都有各自的母語及文化背景，這些差異全都共存在此。或許，國際太空站就像是一個小型的多民族國家。

日本人那種擅長在當下營造「你能懂吧？」的氣氛，試圖讓對方理解自己在想什麼的能力，在這裡並不適用。關於這一點，我在學生時期有過實際的體驗。

在上大學之前，我沒有到訪國外的經驗。直到進入大學修習專業課程之前，我身邊的同學大多是程度差不多的人，例如我們在高三時就熟習微積分，修完物理和化學課程。我們總是試圖用理科的思維來理解事物。總之，我們就是一群很相似的人。

加入東京大學工學院航空學系的研究室之後，我覺得自己的世界觀似乎逐漸發生變化。我的指導教授擁有英國留學經驗，研究室中也有許多來自比利時、土耳其、俄羅斯、中國的夥伴。那時候，我有好幾次被使用外文的報告和討論折騰得生不如死。

1 譯註：研究群體中人們思維和行動的學科。

以下是在研究室生活中的一件事。當時的大學研究室，一開始都像學徒制，必須一邊學習一邊幫忙教授和學長姊製作論文。而我們究竟能否領會學長姊的想法呢？就連這些都是我們必須留意的事情。雖然這個比喻可能不太恰當，但我覺得那裡就好像是一個擁有匠人精神的學徒制群體。

另一方面，來自海外的留學生與技術人員就不會陷入這樣的情境中。他們不會介意或揣測學長姊的想法，只是安然自若地埋首在自己的研究裡，等到要進行報告的時候，又會精力充沛地參與討論。

見到這樣的情景，我總是一有機會就向這些留學生提出忠告，但他們卻無法領會我的心意。我到現在都還記得，自己當時對留學生事不關己的態度感到越來越焦急，心裡總想著：「為什麼不遵守研究室的規矩呢？」

現在回想起來，這種要一邊看人臉色一邊進行研究的環境，與追求創新的世界完全是兩回事。至少，長官在提出指示時，應該根據明確的目標和客觀的標準，而不是依賴當下的氣氛，並且應該透過具體、清晰的範例來指導下屬如何呈現研究成果。

除此之外，在海外經歷的文化衝擊對我來說也是非常棒的經驗。這是我在學生時期到美國加州理工學院等地進行考察時所發生的事。與日本不同，美國有不少像波音公司這樣的太空飛行器製造商，學生能接觸的資訊等級，與我們有著顯著的差異。他們一進入大學，就能見到最先進的設計圖，研究那些實際在天空中飛行的航空器的機體構造，學生也能直言無諱地展開討論。我只能深深嘆息，想著：「再這樣下去，日本完全追不上人家。」

當時我學到的是，即使研究相同的航太工程學領域，如果像數學考試一樣，每個人都使用同樣解法的話，就無法順利解決問題。問題本來就應該有各式各樣的解決辦法。不預先設定什麼方法，並對各種解決對策的優點和缺點提出討論，這麼做才是正確的，才有意義。

總之，每個人都有自己的見解，就算面臨同樣的問題，也會試著以不同的方式來解決。這不就是多元化思維的具體展現嗎？在此過程中所培養的勇於嘗試的精神，正是我們能和世界各國平等競爭的基礎。

真相會隨著談判而改變

雖然有些偏離主題，但接下來我想分享在國際組織中的經歷。這是我在二〇一〇年結束第二次太空飛行後，在聯合國的紐約總部、維也納辦事處工作時的經歷。

當時在會議上大多遇到律師出身的人士。他們對聯合國所討論的各種議題，總是試圖找出無窮盡的解決方案和條文解釋。我經常聽到「Truth is negotiable」這句話，意思是「真相是可以磋商的」。

這句話令我印象深刻。將其意譯的話，應該能解釋為「或許客觀事實的確只有一個，對事物的理解和思考方式卻有好幾種，最終獲勝的論點就會成為『定論』、成為『真相』」。我想，這正是能激起那些頑強交涉者的鬥志，展開激烈爭辯的關鍵所在。

由於日本人非常勤勉又嚴肅，容易根深蒂固地認為「真相只有一個」。無論漫畫或戲劇，也經常營造「知道真相的人便能獲得最終勝利」的氛圍。在製造產品的現場，技術人員抱持著「製造出優秀產品就能成功暢銷」的想法而努力工作。雖然這種心態未嘗不是一種美德，認為製造出好產品就能獲得回報的想法可能也是極其自然的事，但我認為僅憑如此是無法在國際社會上生存的。

這是一個根據談判、交涉來決定真相的世界。無論產品做得好或不好，都可能會被擱置在一角，形成「會說話的人才是勝利者」的局面。既然好不容易製造出品質優良的產品，就不能毫無作為地只等著收穫成果，必須不斷出擊，去交涉、去推銷。

雖然在太空船的飛行訓練過程中，再怎麼樣也不會像「Truth is negotiable」一樣，把黑的說成白的，但假如放任不管，便可能讓情勢朝著意想不到的方向發展，大家很容易達成一個錯誤的共識。當有人誤解真實狀況時，眾人就必須具備修正方向並將其推翻的能力。這是我在聯合國工作時學到的重要一課。

揮之不去的「邊緣感」

從學生時代與各國留學生的跨文化交流，到赴美考察時受到的文化衝擊，以及在聯合國會議上見識到的激烈談判……在與外國人切磋的每一個過程中，我似乎培養了與太空探索截然不同的國際視野。

只是，如果試著更深入地探索自己的內心時，就會發現自己在面對國際社會時，內心深處存在著一種「邊緣感」。這樣的感受，來自小學時期的轉學經歷。

家父曾任職於家電製造商東芝公司，擔任技術人員。由於父親轉調至兵庫縣太子町的電視機工廠的關係，我從三歲開始就跟著移居到那裡生活。從當地的幼稚園升上當地的小學後，在努力參與童軍活動的同時，也理所當然地認為自己一定會進入當地的國中就讀。

然而，在我升上小學六年級時，父親轉調至東芝公司位於神奈川縣茅崎市的工廠工作，於是我便再度隨著父親搬到新地點生活，這就是我第一次的轉學經驗。

也就是說，我從關西文化圈移居到被關東熱鬧的湘南文化薰陶的地區生活。無論是學校環境，還是生活方式，都發生非常巨大的變化。對當時還是十二歲少年的我來說，受到相當強大的衝擊。我想，將其視為跨越國境的移民體驗，應該也不為過。

就和歸國子女一樣，我的內心也抱持著一種類似邊緣人的感受，覺得自己好像是一個不屬於任何地方的人。有些孩子雖然是日本人，但一直都以美國人的身分生活著；也有些孩子雖然在俄羅斯長大，卻一直都被俄羅斯人視為日本人。這樣的孩子，像社會邊緣人般非常辛苦地生活著。

由於我親身體會過各國人士的表達方式與邏輯思維，或許也因此培養更深刻的國際觀。我自身的經歷讓我體會到身為一個邊緣人的感受，也讓我更加渴望用語言精準地表達自己。

我想補充說明一件事。可能是從小接觸關西文化所帶來的影響，比起在開口說話前先打草稿，我更傾向在順應話題的同時，又稍微表達自己的看法，而且至今還保持「沒有漂亮的結尾，就無法結束話題」的說話習慣。

日本引以為傲的技術：食與衣

飲食是最好的文化交流

若想快速拉近與夥伴之間的距離，分享美食是絕佳選擇。實際上，這也是介紹各國文化的最佳時機。飲食正是各國的文化縮影。各個國家的太空人都帶著自豪的食物來到國際太空站，我也不甘示弱，帶了許多日本食物上太空。

雖然我們也會享用從貨船運送過來的水果和蔬菜等生鮮食品，但基本上還是以能長時間保存的太空食品為主。太空食品都有一定的調理方法。有把熱水或冷水注入冷凍乾燥食品後食用的方法，也有把高溫殺菌蒸煮袋或罐頭加熱過後食用的方法。儘管如此，太空食品的種類還是多達三百種以上。

我向大家介紹的日本食物當中，備受好評的是，福井縣若狹高中海洋科學科歷經十二年研究開發的「醬油口味鯖魚罐頭」。

為了在很難嘗到味道的無重力空間中也能享受到食物的美味，這款罐頭在較為濃重的醬油調味中加入砂糖來調整甜度，除了增添不少風味外，也感覺不到腥味。此外，為了防止在進食時讓罐頭中的水分四散，當中還添加了葛粉，使湯汁具有絕妙的黏稠度。

想要不厭倦太空食品，種類多元是很重要的。即便是平常只吃牛排的美國人，如果能均衡攝取像鯖魚罐頭這類海鮮食品，對於營養和心理健康都有正面的影響。

我想把「醬油口味鯖魚罐頭」也介紹給地球上的各位，於是在我的YouTube頻道「Soichi Noguchi」的首集節目[2]中，以類似美食評論的方式向觀眾介紹這款鯖魚罐頭。結果，得到「在打開罐頭的那一刻還以為會發生什麼慘事，不過它的湯汁並沒有想像中的多」、「好想吃鯖魚罐頭」等各式回應。

包括若狹高中的鯖魚罐頭在內，符合JAXA規定的認證標準的太空食品共達四十七種[3]。其必要條件有：可在常溫下保存一年半以上、液體或粉末不會四處飛散、容器或包裝使用不易燃燒的材料等等。

對我這種喜歡平價美食的大叔來說，最經典的還是HOTEI FOODS公司製造的「HOTEI烤雞罐頭」。雖然在太空船或太空站中禁止喝酒有些可惜，但這款罐頭是會讓人想一手拿著杯裝酒[4]一邊享用的傳奇食品呢，那黏稠的口感實在是絕妙的好滋

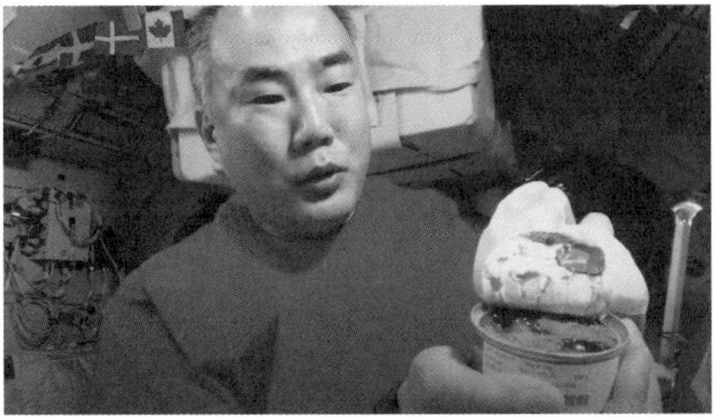

由若狹高中開發，並被認定為「太空日本食」的鯖魚罐頭。（自YouTube截圖）

味。如果加太多的澱粉來勾芡的話，味道會變得很渾濁，但這款罐頭的味道很好，讓我想配著白米飯吃。而由理研食品（理研ビタミン）製造的海帶湯，只要將熱水注入包裝中，就可以簡便地拿吸管飲用。那鮮美的高湯，是我在太空生活中不可欠缺的滋味。

我每次上太空都會享用的好侍食品（ハウス食品）生產的「袋裝牛肉咖哩」，則是將市面上販售的袋裝牛肉咖哩中辣口味調整成更辛辣的味道。這款咖哩也受到美國與俄羅斯太空人的好評，給出「說到咖哩就是日本製」的評價。我這次也準備了大量咖哩食品帶到國際太空站，不過大部分都當作贈禮或回禮送

2 譯註：影片名稱「Real Life on ISS 001」，網址：https://youtu.be/J9-Mu22EuCc。

3 譯註：受到認證的太空食物，截至中文版出版時，已增加到五十五種。請參考以下網址：https://humans-in-space.jaxa.jp/life/food-in-space/japanese-food。

4 譯註：カップ酒。多以罐型玻璃杯盛裝販賣的日本酒，容量通常在一百八十毫升左右。

給其他太空人了。

取而代之的是，我也會從其他太空人那裡收到例如鵝肝和帝王鮭等美食。美國人喜歡吃甜點，他們會帶著水果蛋糕或巧克力來給自己當獎勵。我也有機會享用。

調味高手

同為乘龍號成員的維克多．葛洛佛還是新手太空人，但一到吃飯時間，他就成為美食家。

當其他太空人打開牛排或烤雞，說著：「啊，這個很好吃吧！」並開始食用的時候，維克多就會一邊發出「嗯……」的聲音，一邊開始沉思。接著，他會說：「那個肉加上這個調味料會不會更好吃呢？」並拿出他認為適合的調味料來搭配。大家試吃後，發現那道料理果然變得更加美味。這是我在經歷三次太空飛行後，首次遇到美食家。

從那之後開始，只要維克多一發出「嗯……」的聲音，其他太空人就會靜靜地等待他的結論。有一次，他突然說出：「這個跟柚子胡椒很合。」並把這種連日本人都甘拜下風的調味料拿出來，實在令我大吃一驚。這麼一來，我也不能落人後。從地球帶了兩種醬油上太空的我，開始向大家提議：「跟這種醬油也很搭哦！」如此一來，用餐的氣氛怎麼可能不熱絡。

實際上，我們在國際太空站準備了數量多到足以裝滿行李箱的調味料。只要在牛排或魚罐頭之中稍微添加一點，就能為我們的食物增添新的風味，讓整個用餐過程更加愉快。透過這些調味料，我們還能進行一場小小的異國文化交流，使用餐時光也豐富、熱絡起來。

改變太空衣面貌的「日本製造」

不知大家有沒有注意到，我透過YouTube介紹太空人的艙內活動時，身上穿的那件藍色飛行服。那是由日本的服裝製造商「BEAMS」製作的產品。除此之外，還有T恤、襯衫、polo衫，甚至是貼身衣物，讓我在艙內活動時能更加舒適。

BEAMS創立於一九七六年。在「透過商品來創造文化」的理念下，推廣日本精緻的製作技術。由於我平時也經常穿戴BEAMS的衣物，所以十分了解他們在細節上的講究。面對即將到來的太空旅行時代，日本的民間企業能像這樣透過各種專案合作在太空事業中嶄露頭角，實在令人感到非常高興。這一次，BEAMS和JAXA攜手實現了這個夢幻般的合作計畫。

國際太空站的艙內維持著與地球表面相同的氣壓，溫度和溼度也都調節得十分舒適，因此在艙內可以穿著與地球上相同的服裝，不須穿著太空衣。

其中最重要的一點，就是服裝的防火性。雖然我之前也穿過使用不易燃、百分之百純棉製成的艙內服裝，但我還是很在意它碰到皮膚時那硬邦邦的觸感。

而且，我們停留在太空站的期間沒有辦法清洗衣物，因此穿著的衣物也有一定的數量限制。比方說polo衫為十五天一件，貼身衣物則為三天一件。無論如何，這些衣物都必須由具有吸水速乾和抗菌消臭等功能的材料製成才行。在這一點上，由化學纖維製成的衣物具有更出色的效果。在維持不易燃性的範圍內，使用棉與化學纖維混合而成的纖維，穿起來會更加舒適。

其實，我與BEAMS的負責人大約花了一年的時間討論，對方也聽我說了許多任性的請求。接下來，我要向各位介紹成果。

首先是卡其褲。雖然乍看之下跟一般的褲子沒什麼差別，但它不是由棉布製成，而是使用聚酯纖維和聚胺酯纖維製成，布料具有良好的觸感及高度伸縮性。再來是櫬欖球衫。日本特有的天然素材竹子纖維能製成紗線，這次的橄欖球衫便是以此為原料製造而成。就如同大家所知道的，竹子是具有除臭效果的。

除此之外，還非常重視設計感。

為了便於取出在作業時需要用到的物品，除了在褲子上增加許多大小不一的口袋外，還實現了用魔鬼氈拆裝大型口袋的想法。在作業進行中，需要使用平板電腦來確認操作手冊上的內容，此時若有一個大型口袋能收納平板電腦，實在是非常便利。

其中我最喜歡的設計是藍色飛行服。它維持傳統的連身服款式，但又具有能分開上身衣服和下身褲子的構造。以往的飛行服材質較厚，不容易散熱，穿在身上時看起來鼓鼓腫腫的，實在稱不上美觀。而BEAMS的飛行服設計成從外部看不見腰間拉鍊的樣式，怎麼看都覺得它就是一件連身服，但只要解開拉鍊，就可以輕鬆單獨脫掉上衣，除了如廁時不必從頭到腳脫下整件飛行服，還大大提升工作效率。而且，這件飛行服上也同樣附有能拆卸的口袋。

我在試穿這套飛行服時，甚至對這充滿創意的設計打包票：「如果是這樣的設計，就能成為全世界太空飛行服的標竿。」我確信，往後的十年、二十年，當越來越多的日本人踏上太空之旅時，這肯定會成為一套能讓人開心地想著「好想穿著這樣的衣服享受太空旅行」的服裝。

太空觀光將成為一個創新產品的展示平台，各國將在此展示各自的獨特產品，並向全世界傳遞設計理念、用途等相關訊息。期待今後各種「Made in Japan」（日本製造）的製品也能陸續受到採用，成為宣傳日本製產品引以為豪的技術能力的絕佳機會。

袖子上的口袋也可以拆卸。
©工藤恒（ARPHOS）

製作成可分離的形式，不僅能提升工作效率，還能單獨穿著上身衣服或下身褲子。©BEAMS

我是太空中的YouTuber

「宇Tuber」誕生

這一切是從在太空中挑戰自拍的鏡頭開始的。

我身穿肩上縫著代表日本國旗「日之丸」的太空衣，揮動了三次左手。安裝在胸部附近的各式工具，就像生物一樣動了起來。透過裝有前照燈的頭盔面罩，映照出我微微一笑的表情。這一連串的景象，都被我右手握著的小型運動攝影機捕捉下來。

這段影片是經過多次思考後，試圖以最直接的方式來呈現艙外活動，並且在充滿危險的作業過程中，找到了勉強能夠拍攝的最佳方法。除了自拍鏡頭外，還以漆黑的太空中浮現出的湛藍地球為背景，成功拍攝到太空人夥伴凱特・魯賓斯以細細的救生索與我連接在一起，進行艙外活動的模樣。我透過YouTube頻道「Soichi Noguchi」的第三十五集節目（二〇二一年三月六日）[5]，向地球播送這段高畫質影像。

影片標題是〈踏出太空看看了哦〉。從這個可能徘徊於生死交界處的太空中所傳遞出去的影像，當時在地球上引發前所未有的迴響。

「只是稍微在那裡走動就超級無敵厲害了。」

「太空影片的最高峰。」

「影片中那個不是隔著玻璃，而是直接拍攝到的地球，就好像騙人的一樣。在那背景中活動的模樣，已經遠遠超出我的想像。」

這部影片被評價為「在太空中進行艙外活動時自拍，並在太空中剪輯，從太空中上傳影片的第一人」，目前正在申請金氏世界紀錄。

就這樣，我成為一個從太空中上傳影像至YouTube，如假包換的「宇Tuber」[6]了。

進行艙外活動中。也就是說，這是在真空的太空中自拍！
©Soichi Noguchi

傳達自我感受與主張的時代

我的 YouTube 頻道「Soichi Noguchi」從二〇二〇年十一月二十七日開始，陸續上傳了超過八十部影片。頻道的概念是：

「從太空中直播『太空生活』！」

除了介紹國際太空站的各艙內部景象，以及轉播備受歡迎的各式太空食物的美食評論外，也從「穹頂艙」這個裝設了七片玻璃窗、能三百六十度環視太空的空間中，用４Ｋ影像向觀眾展示美麗的地球。能像這樣傳達出無法透過電腦繪圖再現的真實世界，我感到非常自豪。令人感激的是，頻道的訂閱者數大約已達到十萬人了。

觀看次數最高的影片，是突破一百萬次的第十四集節目〈來玩水吧！〉[7]。

這集的節目內容，是把漂浮在空中如拳頭般大小的水珠，用聚四氟乙烯[8]加工製

---

5 譯註：影片名稱「035 うちゅうにでてみたよ」，網址：https://youtu.be/5D2z5AEJEk8。

6 編註：結合「宇宙」與「Youtuber」的詞彙，日文的「宇」發音與「You」相近。

成的桌球拍輕輕拍打玩耍。水珠被球拍擊中後，一瞬間突然扭曲變形，接著又再度變回圓形，在實驗室內上下左右漂浮著，光是看著這景象就覺得非常開心了。

接下來玩的是「單人桌球」。我試著以稍微強勁一點的力道，拍打用柳橙汁製成、如桌球般大小的水珠，結果失敗了。桌球大小的水珠分裂成好幾個小小的水珠，我擔心實驗室內的器材會被水珠滲透，急忙用毛巾擦乾，還好沒有釀成慘事。

在我的YouTube頻道中，並不會像電影或電視劇一樣，出現浩大的太空船爆破場面。但我想，無論是看見漂浮在空中的食物和水珠，還是看見在進行艙外活動時，各種工具輕飄飄地浮在太空中的畫面，透過向觀眾傳達這些在地球上不可能遇見的事情，大家應該也能具體感受到太空的真實性。

美國有一個叫做「NASA TV」的有線電視台，它會二十四小時不斷播放著國際太空站的影像。另一方面，我在YouTube上發布的影片則具有一些附加價值，包含了我所見到的真實場景、我想向觀眾傳達的影像，以及我精心挑選的畫面等。

就像我所拍攝的加勒比海珊瑚礁，以及宛如漂浮在雲海中的富士山一樣。我想，在無數的地球美景中，或許正因為是「我挑選的」這項附加價值，才更有意義吧。在艙內做運動或做實驗的畫面，也是因為我想著「這畫面說不定挺有趣的」而將之剪輯上傳的。在這個過程中，選擇的人自然就會表現出自己的個性和想法，這部分很重

展示在無重力空間中才能做到的實驗。（自 YouTube 截圖）

要。

在當今的地球上，有許多 YouTuber 正風靡全球。許多展開大規模活動的知名 YouTuber 加入經紀公司、建立專業團隊，正活躍在這個行業中。另一方面，也有一些獨自在家中以現有的器材著手拍攝，僅依靠自我表現力來挑戰的樸素型 YouTuber。

我聽說現在有很多年輕人或小朋友，會非常好奇自己喜歡的 YouTuber 的動向。既然如此，是否應該讓他們能即時在手機上看到我們傳遞的太空奧妙之處呢？我在搭乘乘龍號前往國際太空站之前，就一直思索這件事情，並努力去實踐。

7 譯註：影片名稱「014 水で遊ぼう！」，網址：https://youtu.be/urMNywqQfRM。
8 譯註：台灣俗稱「鐵氟龍」。

\ 追蹤人數超過73萬8千人！ /

野口聰一的推特 熱門推文Top3

NOGUCHI,Soichi
@Astro_Soichi

以第二次的太空飛行為契機，我從2009年10月開始使用推特。第三次太空飛行時，也從太空中在推特上發布多篇推文。以下是當中最受歡迎的三則推文！

\ 第一名 /

2021年2月16日「今天的北海道。真是不得了。」此推文在推特上的查看次數為1,145萬次以上。

\ 第二名 /

2021年3月9日「#乘龍號 #飛越日本列島的上空 #SpaceX #Dragon flies over #Japan night.」

\ 第三名 /

2021年1月21日「稍微把窗戶打開，欣賞一下地球吧」

開拓未來的日本實驗艙「希望號」

利用iPS細胞培養臟器、發射超小型衛星

國際太空站的日本實驗艙希望號，就如同它的名稱一樣，正致力展開各式各樣充滿希望的實驗，為我們開創未來。

其中一項實驗，就是利用iPS細胞[9]來開發製造人類臟器的技術。如同大家所知道的，人類的臟器，是在母親充滿羊水的子宮中，以漂浮的狀態生長。羊水具有的浮力和地表上的重力相互抵消，子宮內的空間就好像是個無重力的太空。

在東京大學和橫濱市立大學致力於再生醫療的谷口英樹教授團隊認為，如果是在

9 譯註：全名為誘導性多能幹細胞（Induced pluripotent stem cell），由日本學者山中伸彌的研究團隊於二〇〇六年發現。iPS細胞與胚胎幹細胞擁有相似的再生能力。

太空中的話，或許培養的細胞就會像在子宮中一樣朝向三維空間生長，形成立體的人工臟器，因此提出這次的實驗計畫。

將事先從iPS細胞培養出來的肝芽（肝臟的初胚）纏繞在人工血管上，裝入實驗用的小瓶子裡，帶到太空。在希望號中，將小瓶子放在專用的、會旋轉的裝置上，使肝芽圍著人工血管融合在一起。如果肝芽和血管相連的話，實驗就成功了。

雖然這是首次進行的實驗，但因為實驗裝置和操作手冊都做得非常好，我想我應該基本上都照著谷口教授的預期完成這項實驗了。是的，實驗進行得很順利，達成製造立體臟器所預期的目標。

根據JAXA的工程師所說，連接人體臟器的細胞，最重要的就是新鮮度，因此通常會在製造的當天使用完畢。然而，太空船從地球開始發射到抵達國際太空站為止，需要花上一週的時間，所以在保存技術的開發上吃了不少苦頭。而且當時還因為新冠肺炎疫情的關係，人員調配不過來，美國那邊沒辦法將肝芽準備好，於是便由日本準備肝芽，再帶到美國，因此又多花了兩天的時間。

儘管如此，還是將活的肝芽送上太空了。據谷口教授所說，在再生醫療的工作現場，臟器保存的成功與否取決於幾個小時之間，所以如果能夠保存一週以上的話，那麼在日本製造的人工臟器，就可以運送到地球上的任何地方了。他對這項劃時代的成果喝采，並表示：「這無疑是此次太空實驗帶來的意外成果。」

在希望號上，也配備了其他值得誇耀的高科技設備。能將小型衛星發射至太空中的裝置「J-SSOD」就是其中之一。

J-SSOD不僅可以搭載約一公斤重的小型立方體衛星CubeSat，甚至五十公斤重的小型衛星都沒問題。J-SSOD通過國際太空站的氣閘艙移動至艙外，利用希望號上裝設的機械手臂抓住衛星，接著，長長的機械手臂會伸展到艙外的指定位置，當確定位置後，J-SSOD內的彈簧就會啟動，發射小型衛星。發射出去的小型衛星，通常會在軌道上運行一年。

這次，我參與發射的衛星共有八顆，分成四次進行。

第一顆是大阪府立大學製造的「OPUSAT-II」，主要用來測試利用業餘無線電進行高速數據傳輸的技術。第二至第四顆，是JAXA和九州工業大學，以及亞洲、美洲諸國參與的國際衛星開發計畫「BIRDS project」中的一部分。包括九州工業大學的「Tsuru」、菲律賓大學的「Maya-2」，以及巴拉圭太空署及該國的首顆衛星「GuaraniSat-1」，這三顆都是邊長十公分的立方衛星。

第五顆是與JAXA合作的「Ryman Sat Spaces」公司所製造的「RSP-01」，這顆衛星能在太空中拍攝自己，引起了不少話題。第六顆是筑波大學及他們的新創公司

從希望號發射出去的超小型衛星「STARS-EC」（靜岡大學／STARS Space Service有限公司）。©JAXA/NASA

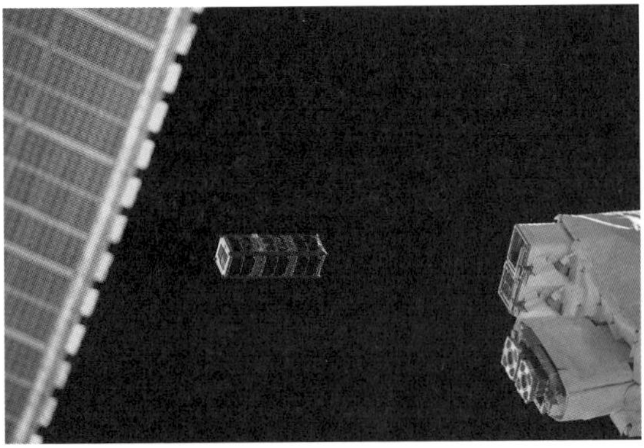

從希望號發射出去的超小型衛星「TAUSAT-1」（以色列台拉維夫大學）。©JAXA/NASA

「Warpspace」共同開發的「WARP-01」。它的目標是研究軌道上的電波環境和輻射，未來有助於建立能夠將大量觀測數據傳輸到地球上的系統。

第七顆是台拉維夫大學的「TAUSAT-1」，這是以色列首次完全只由大學生進行製造的衛星，主要任務是測量會對人體和電子儀器產生影響的太空輻射等。最後的第八顆，是靜岡大學及其創立的「STARS Space Service」公司所製造的「STARS-EC」。這顆衛星由三個部分連成一個電梯結構，將來可以用來研究太空電梯和清除太空垃圾。

這項發射計畫是希望號從二〇一二年開始持續進行的核心計畫之一。要發射的衛星會從地球上由無人駕駛的補給太空船運送過來，因此太空站有很多發射衛星的機會。從二〇一八年開始，該計畫改由民間企業負責，希望號成為一個新創太空事業的平台，期待能擴大利用範圍。

在太空種羅勒

國際太空站可能會被人認為是一個感覺不到生命、冷冰冰的無機空間。不管怎麼說，都跟綠意扯不上任何關係。對於在那個空間中活動的太空人來說，沒有什麼比培育植物還更能讓人提起幹勁的科學實驗了。

二〇二一年二月十六日，在國際太空站的日本實驗艙希望號中，正開始進行一項計畫。這個計畫要將日本的甜羅勒種子及馬來西亞的聖羅勒種子送上太空，並試著栽培一個月。

實驗第一天，我把已經埋好羅勒種子的植物栽培器裝設在希望號內。因為我每天都會拍攝觀察紀錄，並在推特上向大家報告進度，我想應該有讀者已經看過這些紀錄了吧。實驗第三天，種子發芽了。實驗第二十一天，羅勒已經生長至該容器的頂端（高度為六十五公釐）。到了最後一天，茁壯成長的羅勒看起來就好像叢林一樣。

艙內的美國和俄羅斯太空人聽到「JAXA好像在進行植物實驗」的消息後，好奇地來到希望號參觀這項實驗。我很開心能像這樣觀察羅勒的成長狀況，所以每天都會為它拍攝照片。等到晚上，我就會架著相機，利用「縮時攝影」進行拍攝，將長達八小時的影像縮短至三分鐘左右，如此一來，就能清楚地看到羅勒的成長狀況。

從國際太空站的生長條件來看，艙內的任何地方都能保持與地球同樣的氣壓狀態，通風狀況也十分良好。問題是光線。由於太陽光幾乎照不進來，所以會十分留意艙內的照明應該距離多遠才好。除此之外，還有振動的影響。在希望號內有非常多實驗設備，不遠處還放著運動器材，要找尋能盡量避免振動的地方實在非常困難。

從地球被送上太空中的羅勒，是裝在透明的實驗容器中，且不需要特別去照顧它。容器的大小差不多跟馬克杯一樣大，羅勒種子放在鋪滿底部的玻璃棉上，並將其密封起來。我需要做的事情，就只有為它補充水分而已。在完全不進行其他維護的條件下，放置在太空中的植物究竟會如何生長呢？我完完全全地按照操作手冊進行了這項實驗。然而，在實驗開始的第十天，發生了一件事。

羅勒發霉了

「太空羅勒」的操作手冊上，寫著「請在實驗第十天確認是否發霉」。但即使被要求確認是否發霉，僅在乍看之下也很可能會立即回覆「沒有問題」。

為了詳細進行確認，這本操作手冊更深入、具體地寫著「請確認羅勒的內部有沒有看起來像白色木棉或棉花糖的組織」這一指示。因此，我仔細觀察了容器的內部。我看見浸泡著種子的地方，也就是玻璃棉的表面，出現了輕飄飄的白色物體。我心裡想著「該不會是……」，便馬上向地球上的管制官報告狀況。

控制中心似乎也已經設想了羅勒可能發霉的狀況。就算能將容器內部徹底進行殺菌處理，也不可能為種子本身殺菌。推測是因為在地球上進行作業的過程中，由於某種原因導致種子表面附著到黴菌，之後因為在太空實驗中加水，才會造成發霉。

這項實驗共準備了兩個日本甜羅勒種子用的容器，以及兩個馬來西亞聖羅勒種子

從上方照射光線，十天澆一次水的羅勒栽培實驗。©JAXA/NASA

用的容器，共計以四個容器開始進行實驗。也就是說，為了應對發霉，或者容器破損等狀況，這項實驗還準備了備用的樣本。

實際上發霉的只有其中一個樣本，操作手冊上也有規定「如果遇到發霉的狀況」等問題時該怎麼做的對策。

但是，對於我們這些生活在封閉空間中的太空人來說，這個「發霉」的狀況卻會引發嚴重問題。即使只是羅勒長出的小小黴菌，但在這個乾淨的太空站裡，要是混入異物的話，那事情就嚴重了。

在太空實驗中，排在優先順位的有三件事。第一，不會對太空人造成危害；第二，不會破壞國際太空站的環境；第三，提升科學研究成果。在太空艙內，已經決定好這三項優先順序了。

若要進行實驗，絕對要避免對太空人造成健康危害。因此，我按照操作手冊，用牢固的塑膠夾鏈袋，把發霉的容器做雙重包裝並密封起來，防止黴菌的孢子飛出。在確認容器外沒有孢子後，為了不讓發霉的羅勒繼續繁殖，便停止為那個容器澆水。至於剩下的另外三個樣本，則是繼續進行實驗。

不過，發霉的那個羅勒後來也拿去冷凍保存，並運回地球上了。它成為非常好的實驗樣本，可以藉此知道在太空中發霉時，會以什麼樣的形式成長？會成長到什麼程度？以及一個放置三十天的樣本，如果只在實驗一開始時給予水分的話，會有什麼樣的結果？

打開實驗容器的蓋子聞香氣

說到我這次在希望號親自進行的科學實驗，除了前面提到的，iPS細胞製造出肝臟的基礎組織，並與人工血管一起培養的實驗外，還有將紙和壓克力這類我們隨手可

在缺少綠意的國際太空站，心靈被日漸成長的羅勒療癒。
©JAXA/NASA

得的素材在太空中燃燒的實驗。無論哪一個，都是很重要的論題，我只是專心致志、百分之百按照指示來執行這些實驗。

不過，唯獨「太空羅勒」這項實驗被稱為「教育實驗」。與其他科學實驗的情況不同，這個實驗的目的之一，是要讓包含日本在內，亞太區域十二個參與國家及地區的學生知道「有這類型的太空實驗」，並對太空實驗產生興趣。

我在進行實驗的三十天之間，也曾上傳過羅勒成長中的影片，之後也漸漸出現越來越多瀏覽過我的推特的人說：「這個最後會吃掉嗎？」或者：「太空中的羅勒聞起來是什麼味道？」

地球上的實驗負責人也興致勃勃地說：「既然已經在太空中製造出食物了，就算不吃，至少也該試著做些什麼。」與研究團隊商量過後，我們聊到可以試著將剩下三個樣本的其中一個容器蓋子打開，聞一聞羅勒的香氣並觀察看看的話題。

但是，既然「太空羅勒」是一項科學實驗，那所有的作業程序就得遵照操作手冊執行。如果要改變流程，就必須更改操作手冊。因此，地球上的研究團隊將操作手冊進行部分修改，發送到我這裡來。

新的流程有兩點，分別是：一、戴著手套將容器打開，確認表面情況及香氣。二、報告觀察的結果。

我照著新操作手冊的指示打開蓋子，長得高高的羅勒葉一下子冒出來。接著，便聞到羅勒那刺鼻的強烈香味。我忍不住開口說出：「這真是太棒了。」一瞬間，無機的實驗艙就這樣被羅勒的香氣籠罩。

我拍下打開容器蓋子並聞聞羅勒香氣的模樣，並把影片上傳到YouTube。就這樣，兩項新的實驗流程便簡單完成了。

無論如何，就是照著操作手冊的流程執行作業。如果我擅自將實驗容器的蓋子打開，管制中心的人一定會有意見。可能會斥責我：「你把貴重的樣本弄壞了！」地球上的研究團隊臨機應變製作出來的操作手冊，讓我在太空中聞到羅勒的香氣，是再好不過的協助。

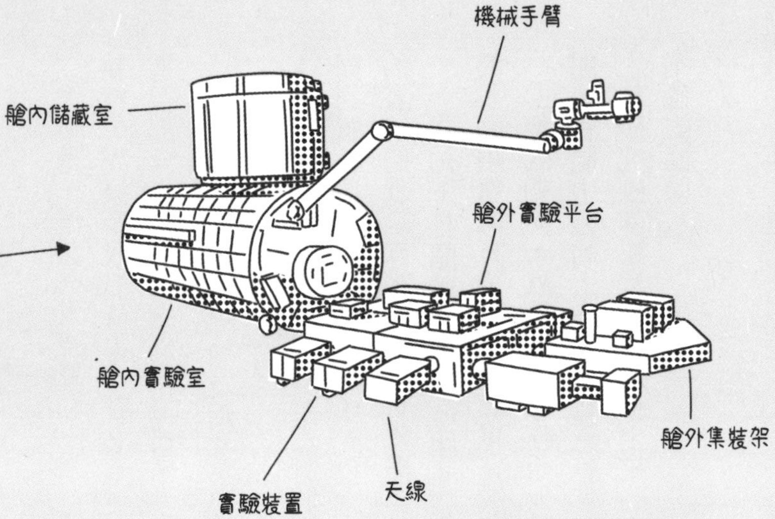

日本實驗艙希望號

國際太空站最大的實驗設施。艙內實驗室保持在與地球上幾乎相同的環境（空氣成分、氣壓），溫度、溼度也受到控制，太空人可以穿著便服舒適地工作。

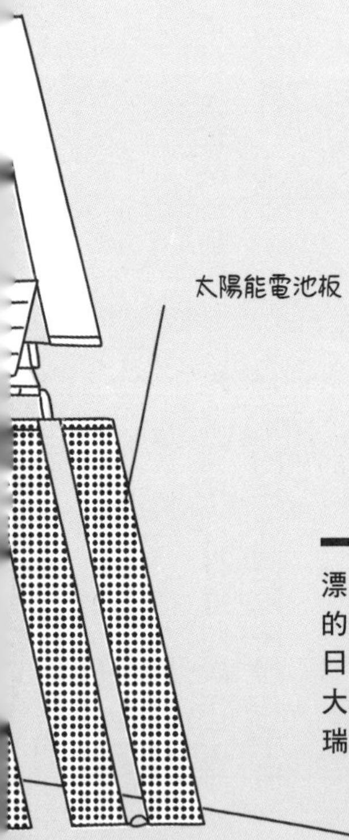

國際太空站（ISS）

漂浮在距離地球約400公里遠的太空實驗設施。它的面積大到能容納一整座足球場！目前正由美國、日本、加拿大、歐洲各國（英國、法國、德國、義大利、瑞士、西班牙、荷蘭、比利時、丹麥、挪威、瑞典）、俄羅斯，共十五個國家合作使用。

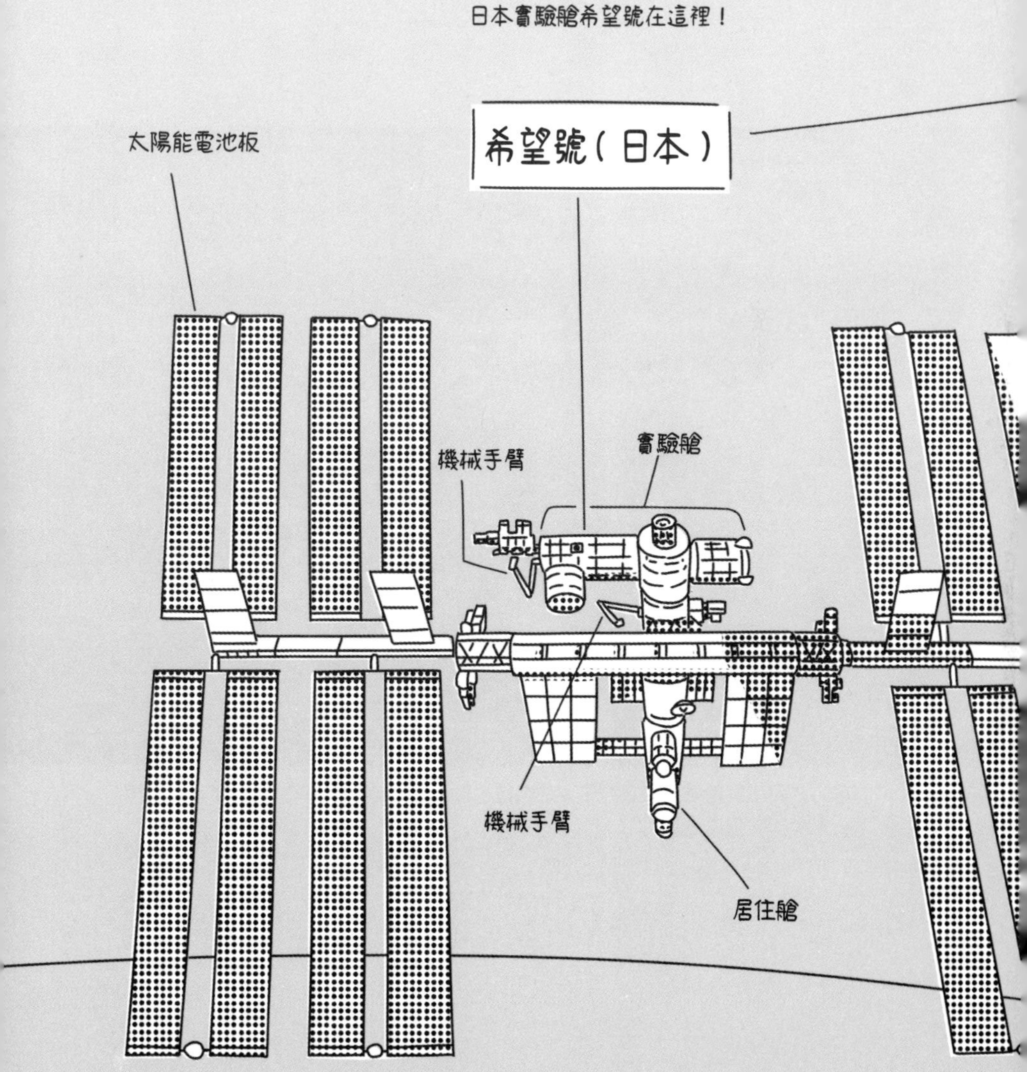
日本實驗艙希望號在這裡！
希望號(日本)
太陽能電池板
機械手臂
實驗艙
機械手臂
居住艙

前方是日本實驗艙希望號和日本的機械手臂。後方拍攝到的是移動中的乘龍號載人1號。©NASA

第3章 尋求身心的安定

試著在太空中坐禪。

「We-They Syndrome」的可怕之處

不要忽視對立的徵兆

我住在美國時，經常聽到「We-They Syndrome」（我們—他們症候群）這句話。在組織內的對話中，如果頻繁地出現「We」和「They」這兩個詞，暗示著破壞團隊合作的警鈴已經響起。這種情形也適用於國際太空站中的太空人。

例如，當太空人忙於某項工作時，地球上的管制官卻偏偏在此時發出其他的工作指示，這有時候也會造成些許摩擦。由於時機不對，太空人可能會對下達指示的管制官產生不滿，認為對方「連我們太空人的辛苦都不懂」、「不了解我們作業現場的狀況」，因而陷入「我們」和「他們」的對立局面中。這對團隊合作是非常不利的。

讓我們具體來看看一個例子。有時候地球上的管制官會突然發出類似以下的指示：

「國際太空站的3號閥門狀態異常。我們現在想改成使用2號閥門，請你們先將3號閥門關閉。」

如果問題發生在一個非常難以觸及的地方，情況又會如何呢？例如，要操作位在收納室裡的閥門，就必須先清理收納室艙壁的外側才行。但通常收納室外側都堆滿了臨時存放的物品。若要執行指令，就必須先將那些物品全都清空，再拆除壁板上的所有螺絲，並打開收納室，透過手電筒照射的光線進入內部，接著才能抵達閥門的位置。如果整個過程需要三十分鐘，那麼正忙於其他工作的太空人就很可能會抱怨：

「地球上的人根本不懂。」

我想，若要防止太空人與地球上的工作人員關係惡化，首先要注意的，就是不能錯過最初的徵兆。太空人因為認為「他們不懂我們」而覺得反感，地球上的人也會抱怨「為什麼太空人做事那麼自作主張啊」。就是類似這樣小小的導火線。但是，由於國際太空站本身就是遠離地球的遠距工作環境，所以很難互相察覺這種徵兆。

如果錯過最初的徵兆，彼此之間產生些許不一致的意見，使太空人更加相信「地球上的人是錯的」，出現「我們才是正確的」、「不要聽他們說的話」的想法，這種猜疑心會越來越強烈，最後導致進入惡性循環。如果形成這樣的局面，就必須考慮接下來的應對方法。

透過「Time-out」切斷惡性循環

我們經常會注意並運用的方法就是「Time-out」，暫停一下。這就好像運動賽事當中的戰術時間。當比賽開始走向頹勢，不斷被對方拿下分數時，就必須用「Time-out」戰術來切斷這種不順利的局勢。

像我這種出生在昭和時代[1]的人，小時候會在比賽中喊聲「暫停一下」[2]來試著改變賽況。當棒球賽事面臨滿壘危機等情況，也經常會運用「Time-out」來穿插中場休息的機會。

就跟比賽一樣，當想要切斷在人際關係中面臨的劣勢時，如果能像這樣採取「Time-out」措施，並不是壞事。暫時斷開當下的情勢，可以用客觀的角度看待自己，或者接受其他人給的建議。事實上，人往往是在這樣的狀態下才終於回過神來，發現一些原先沒注意到的事情。此時很重要的，就是打造一個彼此能坦率表達意見的環

1 譯註：一九二六年至一九八九年。

2 譯註：ちょっとタンマ。由於現在沒什麼年輕人會使用，所以在日本被稱為已經退流行的「死語」。

境。

順帶一提，雖然在棒球場上，只有教練等少數特定的人才能要求暫停，但在太空人之間，任何人都可以提出暫停的要求。如果覺得有問題，就暫時停下來，大家一起確認彼此的想法才是最重要的。

另一方面，在當今這個遠距工作的時代，獨自一人待在封閉空間的情況也明顯增加。如果陷入負面的情緒循環，我想有些人可能會開始出現失眠等身心健康問題。

也許並不是在遠距工作的第一天就開始陷入失眠狀態，而是在開始執行遠距工作後，那些會引起症狀的原因持續一點一點地累積。

可能是同事無心的一句話，也可能是上司下達的不明確指令，又或者是明明拚命努力去做，最終卻沒能獲得相應的評價……對這種不講理的事情感到不滿和哀傷的情緒交錯在一起，是不是會覺得失去了自己的容身之處，感到身心都被痛苦地折磨著？

在那之後，可能會加深煩惱、出現失眠症狀，有些人也會因為無法抑制不滿，而向對方發洩自己的憤怒情緒。

在事情發展到不幸的地步之前，我們應該盡早察覺問題並解決它。雖然有時候人們可能自行察覺到問題並走出困境，但大部分情況下，靠自己擺脫困境是很困難的。因此，遠距工作時代，第三方的支持變得尤其重要。

在太空人的世界裡，正好就像這樣，地球上的相關單位有組織地為我們準備了支援的體系。

支援太空遠距工作者的機制

連接太空與地球間的橋梁：座艙通訊員

對於在遠離地球的太空中生活的太空人，地球上已經有組織地準備了支援的體制。其一，是地球上的管制官團隊。位於茨城縣筑波市的JAXA「筑波太空中心」建築物內設有管制室，人數多的時候，甚至可能會聚集約四十名管制官。這裡是與NASA合作，同時向國際太空站下達指示的日本據點。

就我的情況來說，由於我主要的作業是參與日本實驗艙希望號的任務，所以基本上是與管理希望號的JAXA管制官團隊聯繫。雖然我們相距甚遠，但始終透過網路維持聯繫。

管制官團隊中負責整合全體事宜的職位，被稱為「飛行指揮官」。以一般企業來說，便是與管理職相當的職位。飛行指揮官會與太空船船長一對一面談，相當於地球上的負責人。在他之下，是由負責火箭或艙內實驗等不同領域的負責人各自組成團隊。

實際上，我們太空人在和地球上的工作人員進行溝通時，最重要的是被稱為「CAPCOM」的管制官，但一般人都不太知道這件事。

「CAPCOM」的正式名稱是「capsule communicator」（座艙通訊員），這是源自過去與膠囊（capsule）型太空船通訊時所獲得的稱號。出乎意料的，被允許能和太空人直接對話的，並不是飛行指揮官，而是座艙通訊員。

如果要用一句話概括這個職務，就是將管制中心討論的內容好好統整起來，簡潔易懂地向位在太空中的太空人發出指示。這就是這個職位的最大作用。

以往都是由太空人擔任座艙通訊員，因為如果不了解國際太空站的內部情形，就很難周全地下達指示。如果座艙通訊員具有太空飛行的經驗，就能夠理解太空站中那些無法用言語清楚傳達的事情，並將這些情況向管制中心傳達，成為太空人的代言人。

因為我也曾經擔任過座艙通訊員，所以十分明白那種像是被夾在太空人和管制官之間的痛苦感受。

由於現在國際太空站是二十四小時運作，如果僅靠具有太空飛行經驗的太空人擔任座艙通訊員的話，人手並不充足，因此後來也任用了工程師，其人數更達到全體通訊員的一半以上。雖說如此，這當中也有許多負責訓練太空人的人員，他們和太空人之間的關係也非常良好，因此讓人感到十分放心。畢竟，如果不是能好好掌握太空人狀況的工作人員，就無法勝任座艙通訊員這個職務。

我認為，座艙通訊員的重要性似乎越來越高了。因為無論如何，管制中心往往會聚集大量的系統工程師，他們總是在不知不覺間就想將更細緻的指示傳達到太空之中。

這裡就來舉個上述提到過的例子吧。如果管理國際太空站系統的工程師，持續向太空人發出一連串的指示，比方說：「目前ISS的3號閥門狀態異常，因為現在想改成使用2號閥門，所以麻煩先將3號閥門關閉，等我們這邊確認過狀況之後，再請你們打開2號閥門。」那麼就會使得太空人這邊陷入一陣混亂。

太空人想要知道的指示是「首先將3號閥門關閉」、「稍微等待一下」、「我們這邊說沒問題之後再把2號閥門打開」。這樣就足夠了。

我覺得站在當事者之間充當彼此橋梁的這個角色，實在是讓人感到精疲力盡的工作。最讓人頭痛的，莫過於像傳話遊戲一樣，中間的人不小心傳遞出跟原先不同訊息的情況。請試著想像一下，如果我和地球上的工作人員之間，加入一位完全不了解狀況的電話接線員的話，會發生什麼事呢？

假如我明明是說：「在進行艙外活動時，手套出現非常嚴重的問題。」但完全不了解狀況的電話接線員，卻被「非常嚴重」這個詞帶偏，誤解了原意，並向管制官說：「似乎是忘記戴手套了，事情變得非常嚴重。」如果像這樣不經意地向傳遞對象說出錯誤的訊息，那麼彼此之間的「溝通」便無法成立。

身為「橋梁」這一角色，必須徹底將自己當作透明般的存在，將當事者之間的發言內容正確傳達，並總是意識到這些任務究竟難度有多高才行。

座艙通訊員的溝通能力

即使是經驗豐富的座艙通訊員，也會有感到傷腦筋的事。就像第1章介紹過的「分身機器人」這種新計畫就是如此。

在太空中接受地球上的遠端操作而行動的分身機器人，從地球上發出指令開始到實際動作為止，大約需要花上二十秒左右的時間。這之間產生相當大的通訊延遲，可以理解地球上的操作人員有時應該也會有挫折感。另一方面，在國際太空站中片刻不離分身機器人、始終在它旁邊支援操作的我，也曾經感到困惑：「明明已經可以進行下一個作業了，怎麼還是等不到指示啊？」

為了應對這種情況，必須將操作手冊中的內容整理好，讓座艙通訊員把資訊牢牢記在腦中。這麼一來，座艙通訊員就會一邊照著我預想中的順序，一邊隨著作業進展告訴我：「野口先生，剛才的處置非常完美呢！」或者：「地球上出了一點麻煩，請稍等一下！」如果能像這樣填補中間的空檔的話，也能讓我這邊感到安心一點。

況且，這麼做也可以讓地球上那些感到焦躁的工程師冷靜下來，讓他們知道這種程度的延遲是經常會發生的事情，並不是因為他們製造的機器有什麼問題，也不是因為太空人在偷懶。

負責系統開發及營運的工程師，往往會想要跳過這類溝通程序，認為「只要讓我跟國際太空站直接對話就能明白了」。的確，我非常能明白這樣的心情。

但這麼做的話，像太空和地球這樣分散在不同地點的遠距工作環境下，便無法實現「溝通」。座艙通訊員的職責，並非單方面從地球上發號指令就完事了。這就好像心理諮商一樣，需要具備一邊關懷對方的意見，一邊仔細應對的技能。

這裡就假設當地球上傳來「希望你們能關閉３號閥門」的指示時，太空人回答對方「我們是可以去做啦，但發生什麼事了嗎？可能會花上一點時間哦！」的狀況好了。太空人在互相通訊時，習慣只傳達重要內容，因此經常不會深入說明理由。

從這段太空人的回應來看，應該可以感覺到他想要委婉拒絕地球上發出的指示。
如果是優秀的座艙通訊員，應該就能在那短短一瞬間，立即考慮到太空人當下的處境。

之所以這麼說，是因為其實在太空中有很多作業都是由地球上的系統進行自動操作的。說不定，太空人真正想說的是：「大家手上都還有其他工作，不能請地球上的人幫忙嗎？」

又或者，因為3號閥門的位置在一個非常難觸及的地方，所以太空人只是像字面上的意思一樣，以「可能會花上一點時間哦！」的表達方式來向對方說明也不一定。不，搞不好是因為不理解指示的內容，所以做出這樣困惑的反應。老實說，就算是身為太空人的我，有時候也無法立即弄清楚3號閥門的位置在哪。因此，這也是有可能發生的事。

如果座艙通訊員能察覺到3號閥門的位置在一個太空人目前難以觸及的地方，那他們就必須立即思考下一步對策，並回應：「知道了，那我來找找看有沒有其他的方法！」如此一來，就能使事情順利進展下去。

不，或許國際太空站當時正值午餐時間，好不容易可以午休了，卻突然接到地球上發來的緊急作業指示，可能讓太空人感到相當麻煩。

此時，如果是做事純熟老練的座艙通訊員，就會試著說服太空人：「我知道這很不容易，但如果現在不解決的話，之後會越來越麻煩的。雖然會犧牲午休時間，但能不能請你幫忙一下？」有時候他們也會主動扮黑臉，告訴太空人：「抱歉，我想你應該提不起勁，但希望你能看在我的面子上，馬上著手去做這件事。真的很不好意思。」

在很難看到對方表情的遠距工作環境下，當事者之間細微的言語差異，都有可能會產生「We-They Syndrome」的問題。也許在未來的日子裡，地球上所有的組織都不能缺少像座艙通訊員這種擔任溝通橋梁的角色。

地球上的支援團隊

說到地球上的支援體制，除了管制官之外，還有其他形形色色的工作人員。尤其令人感激的是，還有許多職員會幫助地球上的太空人家屬。這些職員會定期與太空人的家屬面談並提供協助，也會幫助太空人與朋友保持通訊。

以往，也曾遇過當太空人在太空船中忙於繁重的工作時，地球上的自家住宅卻遭受大規模災害的狀況。在NASA據點之一的美國休士頓，經常遭遇颶風襲擊。如果在國際太空站工作的時候，聽到「休士頓發生大洪水了！」的消息，想必也會感到心神不寧吧。

這個時候，便會麻煩地球上為太空人家屬提供支援的團隊，讓他們在暴風雨中拜訪太空人的住家。於是，在收到地球上傳來「已經確認家人的安全嘍！請放心」的消息後，太空人便能夠放下心來，專心執行任務。

實際上，在幾年前也曾發生過太空人不在家的時候，自家住宅遭受颶風侵襲，造成淹水的事例。受災者是一名單身的太空人，由於當時家中沒有任何人，所以當支援團隊開鎖之後，便開始將家中物品運出，還幫忙做了災後修復的工作。

照理來說，這些都是自己應該做的事情吧。但是，停留在太空中的時候，太空人也沒辦法請假回家打掃環境。

雖然這是很容易被忽視的支援事例，但正因為擁有這些除了工作以外的支援體制，太空人才能安心地在太空中工作。

與太空人形影不離的航空醫生

說到為太空人提供支援的工作人員，還有被稱為「航空醫生」的JAXA所屬醫生，他們是我們身邊最親近的人。每位太空人都會配屬專任醫生，時時守護大家的健康狀況。雖然就組織上來說，他們算是管制官團隊的一員，但也經常會以「太空人的主治醫生」之身分，與我們一同行動。

從訓練階段到發射升空的時刻，以及停留在太空中的期間，航空醫生都將長時間陪伴在太空人的左右。這是因為，如果太空人在地球上進行嚴酷的訓練時，或者停留在太空中的期間，受了傷、感到身體不適的時候，航空醫生可以立即採取相應的措施。

所謂地球上的訓練，除了第1章提到過的，在巨型水池進行艙外活動訓練外，還有模擬發射升空及返回地球，進入大氣層時所承受的嚴峻重力環境之訓練，以及包含生存訓練在內等許多伴隨危險的訓練。在這些時候，航空醫生也都會在現場持續守護我們。

從發射升空的一年前開始，太空人會定期接受航空醫生的醫學檢查及診察，也會持續接受嚴謹的健康指導。在即將發射升空之前，則會以「檢疫隔離」為由，將太空人安排到專用宿舍，限制與外部接觸以防止感染疾病。

太空人停留在太空的期間，會把國際太空站配備的抽血、採尿工具，以及心電圖、血壓計、超音波診斷裝置的數據發送到地球上，讓航空醫生持續管理太空人的健康狀況。

雖然最近日本也開始使用電腦和智慧型手機進行遠距診療，但在我們太空人的世界中，採用這種診斷方法早已是理所當然的事情了。

以上的醫學檢查及健康診斷，都是由包含地球上的航空醫生在內的醫學團隊負責，為了防止太空人的身體狀況發生意外，會密切觀察太空人的健康。

實際上，航空醫生還有一項甚至可以被稱為宿命的任務。

既然身為太空人，為了要前往太空，就必須在各式各樣的醫學基準上達標。隨著年齡增長，也有可能會患上慢性病，或者視力逐漸下降。如果無法達到醫學基準，就可能得辭去太空人的職務，或者調職到地球上轉任其他工作。

至於太空人的健康狀況是否能在醫學基準上達標，掌握這一項判斷權限的，正是航空醫生。也就是說，雖然航空醫生平時會伴隨在太空人的身邊，詳細診察太空人的健康狀況，但如果健康狀況不佳，最終航空醫生也會站在要求太空人退休的立場。

當然，不會有醫生故意做出這樣的判斷。他們的行事宗旨，是幫助太空人順利飛向太空。但是，他們也抱持著充分的覺悟，當診斷出認為「這樣很危險」的時候，隨時都有可能必須要求太空人退休。

因此，對太空人來說，雖然航空醫生是自己的親密好友，但同時與對方之間也存在著一種緊張的關係。

心理健康的支援

日本從很久以前開始，就會以大型企業為中心，安排專門的企業醫生。替換成太空人的世界來說的話，肩負這個責任的就是航空醫生了，他們專門負責診察我們的身體機能。

除此之外，JAXA還有精神科醫生主導的心理支持團隊。精神科醫生有一項重大的任務，那就是他們會與剛被任命沒多久的太空人進行面談，仔細觀察對方是否承受得住接下來將面臨的嚴苛訓練。

在那之後，無論是地球上的訓練，還是停留在太空期間，精神科醫生也都會為太空人進行心理諮詢。不僅如此，太空人在地球上的家人也可以與他們商量煩惱。太空人往往容易背負一些心理上的不安，而精神科醫生便會負責幫助太空人來消除這些不安。

不過，精神科醫生與航空醫生不同，他們並不會緊緊跟隨在太空人的身邊。雖然在地球上展開訓練時，他們會與太空人進行幾次面對面諮詢，但太空人待在太空船的期間，會改成以遠距通訊進行面談。

雖然這是希望能在無意間的對話中，試著找出太空人是否有精神上的壓力，或者心理矛盾等問題，但我想，這與進行身體檢查不同，要在遠距工作的環境下展開精神層面的諮詢，並非一件容易的事。

今後，如果在網路環境下，心理諮詢技術能得到更進一步提升的話，那麼不僅僅是被壓力纏身的太空人，對於那些在遠距工作時代經常抱持精神不安的眾多居家辦公者來說，這樣的變化也會成為一種堅實的後盾吧。

對抗恐慌

完美主義的風險

當遭遇無法預測的事態，便可能會陷入恐慌狀態，忍不住想著：「怎麼辦？該怎麼辦才好？」而感到恐慌的程度，也因人而異。

就太空人的情況來說，如果在密閉空間陷入恐慌狀態，不管怎麼說都實在令人困擾。不可避免的，或許在某種程度上，太空人也必須具備樂天知命的個性特質。由於我也開始擔任選拔太空人候選人的工作，從這個立場來看的話，比起對方是否具備較高的潛力，我可能更會選擇「即使被逼到絕境時，也會想辦法好好處理問題」的人。

舉例來說，假設要接受一個滿分為一百分的能力測試好了。在測試中得到九十分的人，的確會比得到七十分的人具備更高的能力。但是，如果得到九十分的那個人，他的性格是會對「為什麼我沒有再多得到十分呢？」這件事感到耿耿於懷的話，那麼當他處在一個高壓的環境下時，就很可能輕易地被壓力擊垮。

我想說：「完美主義是很危險的。」這也是我剛被任命為太空人的時候，身為前輩的美國太空人對我說過的話。

"Better is the enemy of good."

這句話有時被翻譯為「『更好』是『良好』的敵人」。總而言之，這句話意謂著完美主義的人會面臨的陷阱。

所謂太空人的世界，就是一個經過競爭才能脫穎而出的環境。即使美國並非一個多麼注重學歷的地方，但是能持續在競爭激烈的社會中堅決活下去的人，就能夠成為太空人。那裡聚集著形形色色的人才，有具備高度操控技術的測試飛行員，也有麻省理工學院的博士。這讓太空人在某種程度上都容易成為完美主義者。

於是，得到九十分的太空人候選人，便會認為「我離滿分還差十分」、「我還要做得更好」。就像這樣忍不住對自己施加壓力，把自己逼入絕境。

另一方面，能說出「畢竟七十分就算及格了，所以這樣不就好了嗎？」，或者「總之這樣就ＯＫ了」的人，便是擁有強大力量的人。「不耿耿於懷」比什麼都還重要。如果在意分數的話，那麼能重新調整心情，想著「只要明天拿下七十分以上就好」的人，則會更強大。

靠例行公事來轉換心情

若生來就是個樂天派倒還好。但我認為，後天養成不會把煩憂都悶在心裡的性格，也不是不可能的事。

以我的情況來說，我認為自己是個相當執著的人，有著近乎完美主義的心態。即便如此，我在剛被任命為太空人時，從被前輩告誡「Better is the enemy of good」、身邊也圍繞著極其優秀的同事的那一刻起，便意外地馬上就接受了「可能無法那麼輕易就在這裡奪得第一」這件事。

成為太空人就像是一場馬拉松，即使不是從一開始就當第一名也沒關係。以長遠的目光來看，也並非只有拿下一百分的人才能捷足先登地前往太空。到達太空之後，具備足夠的意志能克服嚴苛環境的人，才能夠發揮出相應的能力，所以沒必要從一開始就焦急。能夠開始以這樣的方式思考，說不定本身也具備樂天的性格。

在這裡，我想向大家傳達不陷入完美主義漩渦的方法。

對於那些過往從競爭激烈的社會中存活下來、只拿過一百分的人來說，當他拿到七十分的時候，即使旁人告訴他：「就算只有七十分也沒關係！」他也沒辦法輕易轉變原有的觀念。如果是這樣的人，我想給予的建議是：「先建立一套例行公事會比較好！」這是因為，藉由保有該做的例行公事，就可以成為強制自己執行「重新啟動」的契機，避免陷入完美主義的漩渦。

這是什麼意思呢？舉例來說，假設自己現在沒有完美地達成手上正在進行的工作，只得到七十分的評價好了。如果此時僅是鬱悶地想著「丟了三十分」的話，只會讓自己一直對這件事耿耿於懷而已。因此，一旦在下午五點聽到下班時間的鐘聲響起，就要想著：「好了，到此為止。」

在那之後，即使要馬上跑去喝酒也沒關係，也可以迅速離開公司去健身房運動。無論是去觀賞夜間棒球比賽，還是先去唱歌再回家都無所謂。想要靠鋼琴這個興趣來轉換心情也很好。總而言之，就是要強制性地建立一種可以讓自己「重新啟動」的模式。

即使今天得到的是七十分，暫且先「這樣就好」，只要明天再試著努力一次就可以了。有一首歌叫做〈Tomorrow is another day〉。美好的明天一定會到來的。為了使其成真，如果能事先準備好「不把今天的問題帶到明天」的方法，便能過得更輕鬆。

在個人時間演奏鋼琴，藉由自己的興趣來轉換心情。透過YouTube，將〈故鄉〉、〈NO SIDE〉、〈離別曲〉等曲子傳送到地球去。©JAXA/NASA

以身心安定為目標

在太空中打坐

我在經歷三次太空飛行的過程中，總是會問自己：「我為什麼要前往太空呢？」之所以會開始思考這個可以稱得上是哲學的問題，其背景是源自三位被我尊稱為老師的人。

第一位啟蒙我的人，是已故的新聞工作者，立花隆先生。《從太空歸來》（宇宙からの帰還）在一九八三年出版時，將當時還是高中生的我誘引至太空人的世界，以此書為首，立花先生自始至終都在探究太空人那具有衝擊性的太空體驗，會對人類的內心世界造成什麼樣的影響。我實際從太空返回地球之後，有幸也獲得好幾次能直接與立花先生對談的機會，對於他想要理解「生與死」的界限的真誠態度深感敬佩。

第二位是我的太空人前輩，毛利衛先生。他深入考察地球環境及生命的理想狀態，撰寫了《從太空學習——宇宙學的推薦》[3]一書。

第三位是京都大學的名譽教授、曾為公益財團法人「國際高等研究所」（位於京都府木津川市）院士的木下富雄先生。接下來我會提到「在太空中安定身心」的相關研究，木下先生也是指導我的恩師。

我在二〇〇五年完成第一次太空飛行之後，JAXA就開始與國際高等研究所合作，採用哲學、心理學、宗教學等人文社會科學的視角，以「人類和太空」為主題進行研究。其中，也提出了「人類如何在太空中保持安定」這一項研究課題。

在地球上，身心的安定有很大程度會受重力的影響。可以試著回想一下坐禪的姿勢。其模樣大致呈三角形，雙腿盤起構成底座，從底座的中心點直直向上延伸的位置則是頭部。

也就是說，從頭部開始到臀部左右的位置為止，連貫著身體的軸心，相對於雙腿盤起碰觸到的地球，那個軸心是筆直而立的，與重力向量一致。如此一來，身體就會呈現安定狀態，隨之心靈也會感到安心，因此一般認為這個姿勢有助於心靈安定。

那麼，在太空這個重力不起作用的無重力空間中又如何呢？我在二〇〇九年至二〇一〇年執行了第二次的太空飛行，在國際太空站的日本實驗艙希望號內，試著進行過盤腿坐禪、閉眼冥想的實驗。

首先，在太空中盤腿坐禪本身就相當困難。我們平時之所以能夠盤起雙腿形成穩定的底座，是因為靠地球上的重力讓雙腿能一下子向下壓並固定住。然而在無重力的空間下，那股力量便發揮不了作用，很難將雙腿好好盤住。如果不用手臂壓住雙腿，雙腿就無法固定。

當我終於擺好坐禪的姿勢後，呈現三角形的身體便輕飄飄地浮了起來。那一刻，閉著雙眼的我，想好好地穩住自己的軸心，感覺片刻的安定。同時，我想起在地球上跳起來的狀態。我的身體終究會往腿的方向落下，便開始注意盤著的雙腿，思考接下來究竟該怎麼著地才好。

然而，漂浮著的身體不受重力影響。不久，我的身體開始便緩緩向右側傾斜漂浮。閉著眼睛、失去位置感的我，也開始因為無法辨別身體的移動方向而感到不安。

就在那個時候……

「糟了！」

我有一種像是頭部摔落到地球上的感覺。想著我現在是不是以一種頭下腳上的狀態摔落到地球上了呢，便忍不住用手摀住頭部。

3 譯註：原書名為《宇宙から学ぶ——ユニバソロジのすすめ》，日本於二〇一一年出版。

實際上，我漂浮著的身體只是朝著頭的右側緩緩往壁面移動並碰撞上去而已。但是，我內心卻產生了恐懼感，想著：「我的脖子該不會骨折了吧？」

由此可見，在太空中與在地球上的狀況截然不同，即使好好地讓身體的軸心維持在穩定的狀態下，也絕對不見得會對內心的安定帶來幫助。

那在地球上的遠距工作環境中執行作業時又是如何呢？當我們隔絕來自外界的噪音、獨自待在家中閉門不出的時候，如果那是一個熟悉的空間，身體的確可能會穩定下來，但心靈卻會變得不安定。我總覺得這或許與閉著眼睛漂浮在太空中時感到不安的心情是相通的。

內心的平靜，可能更多來自與他人的情感連結，而不只是身體上的健康。相反的，有時遠離那些讓人煩惱的人，反而是找到平靜的最快方式。總之，這個問題很複雜，總是令人困惑不已。

正念的奧義

在美國，有個備受矚目的思想，叫做「正念」（mindfulness）。這個方法是透過冥想等行為，將大腦從壓力中解放出來，並增加專注力，使人能提升在各式活動上的表現。它在商業界和臨床醫療都成為熱門話題，據說也有企業已將冥想導入員工的培訓內容當中。

聽到這樣的解說，很容易會讓人把正念理解為日語中所形容的「消除雜念」、「放空心靈」等感覺。

但是，如果把英語的「mindfulness」解讀為「消除雜念」的話，是難以讓人真正體會的。這是因為，如果以這樣的說法來形容心靈（mind）呈現飽滿（fullness）狀態，聽起來好像腦中充滿了雜念一樣。

所謂「mindfulness」，或許是指「心靈得到滿足，呈現一種良好的狀態」。我想試著再深入思考一下。

以下是我在寺廟中坐禪時所發生的事。雖然我閉著眼睛，想著要將雜念消除，但腦海中總是會浮現「等一下要搭幾點的電車啊？」，或者「下週一開始又要參加麻煩的會議了啊」等，無關緊要的事情，始終無法將雜念驅離我的腦海。嘴裡說著「集中精神、專注一點」，但這期間卻什麼也做不了。這樣的精神喊話本身就是一種雜念。

漸漸的，在坐禪的過程中，籠罩在內心雜念的烏雲，就好像被一陣風吹拂過一樣，忽然出現了能擺脫雜念的一刻。

就在那個時候，耳邊開始傳來我原先沒有聽見的寺院外的風聲，我也漸漸開始能清楚地嗅到從正殿角落飄來那淡淡的線香氣味。

所有的知覺都被喚醒，周圍那些細微的刺激也逐漸能吸收進來。感官充分運作，能如實掌握周圍的狀況。這是否就是所謂正念的狀態呢？

太空人很喜歡使用「狀態意識」（situational awareness）一詞。意思是要「充分理解並掌握周圍的狀況」。保持頭腦清晰，接受周圍狀況的本來面貌，由此能產生靈活的想法，萌生嶄新的創意。這正是與正念相通的思考方式，也存在於太空中。

在太空中享受書籍和音樂

由於第三次停留在國際太空站時，那裡已經成為可以使用串流的環境，拜其所賜，我們也能在上網享受書籍與影片帶來的樂趣。最近，即使錯過即時播放的電視節目，也可以在節目播出後透過網路平台觀賞，因此，連日本的電視節目都很方便就能看到了。在星期五的晚上，大家一起圍在餐桌前看電影的「電影之夜」也非常愉快。我們不會特別限定觀賞什麼類型的電影，除了與太空相關的電影外，也會在迪士尼頻道觀賞像《復仇者聯盟》那樣的英雄電影或其他喜劇。

至於我帶到太空中的書籍，與其說是因為想要讀書才帶上來，不如說那些全都是我想要將其放在手邊的、充滿回憶的書籍。除了在一九八三年出版，將還是高中生的我誘引至太空人世界的立花隆《從太空歸來》初版之外，還有史蒂芬・霍金博士的《時間簡史》英語版初版，這本書寫的是關於黑洞的內容，也是讓大學時期的我深受衝擊的一本書。

除此之外，我還帶了岡倉天心的《茶之書》和世阿彌的《風姿花傳》。在經歷第一次太空漫步後，我便開始思考起人類的舉止、姿態。因此，當我再度前往太空之際，想到關於人的舉止、姿態，日本人應該也有自古以來的智慧吧，便選擇將「茶道」和「能劇」[4]這兩個領域相關的書籍帶上太空了。

再來是音樂。由於現在是串流時代，只要使用電腦，就能播放並聆聽各式各樣的歌曲。我獨自一人待在日本實驗艙希望號內，一整天都在執行作業的時候，也曾播放過莫札特的曲子，那能使心靈感到安定下來，全心投入工作之中。

4 譯註：日本的古典歌舞劇，佩戴面具進行表演為其特色之一。

雖然我也很喜歡柴可夫斯基和普羅高菲夫的作品，但特別是在播放到普羅高菲夫的曲子時，我就會在不知不覺中使足力氣，以致分散精力，無法順利進行工作。因為情緒太高昂了，我甚至會忍不住開始指揮起來，所以還是播放不會干擾我工作的莫札特曲子比較合適。

此外，雖然曲風大相逕庭，但我也經常聽日本女子樂團「Perfume」的電音流行歌曲。播放Perfume的歌曲時，其他太空人如果經過附近的話，就會靠過來我身邊。我還記得，因為他們原本覺得我喜歡的是古典音樂，所以當發現我在聽流行音樂的時候，便興致勃勃地過來對我說：「這是什麼?很不錯嘛!」

能睡的時候盡量睡是鐵則

我剛到國際太空站時，始終無法培養良好的睡眠品質。就像去外地旅行一樣，躺在睡不慣的枕頭上，總是很難順利入眠。睡眠時間畢竟是段放鬆時間，如果身心都無法安定下來的話，就無法好好入睡。有一陣子，我都持續過著淺眠的日子，直到能熟睡為止，共花了兩週的時間。

我的寢室位於居住艙二號節點，是一間單人房。房間的大小和一座電話亭差不多，是個小巧卻舒適的空間。房門是左右對開的雙扇門，門關起來之後，就幾乎聽不見外部的聲音了。話雖如此，由於太空船內有非常多機器，所以不管怎樣都會在意噪音和光線的太空人，睡覺的時候就戴上耳塞和眼罩。

睡袋以黏貼起來的狀態靠在房間的壁面上，因為兩隻手都可以從睡袋中伸出來，所以活動起來也很方便，還可以用帶子將身體固定住。睡袋中也附有枕頭。5

我個人認為，沒有必要在寢具上講究太多。由於處在無重力的環境中，不只不會因為碰撞到背部使得身體疼痛，還因為有空調的關係，也不太會在睡眠中盜汗。在這個太空環境中，感覺不太需要像在地球上一樣，如此追求寢具的舒適性及透氣性。

跟這些事相比，能睡的時候盡量睡比什麼都重要。我覺得即使有時睡過頭也沒關係。有一些太空人，也是在早會開始後才匆匆忙忙起床，露面的時候又一邊說著：「咦？我怎麼會睡過頭了啊？」這種像在找理由的話。就算發生這樣的事情也沒關係。

5 譯註：野口聰一的YouTube頻道有詳細介紹寢室的影片，影片名稱「019 宇宙のお部屋ついて行ってイイですか？」，網址：https://youtu.be/CYBGdB8sFIc。

在休假日時，有些人也會睡到中午才起床。能睡的時候就好好地睡一覺。這是為了因應緊急狀況做準備的鐵則。

順帶一提，雖然我們停留在太空中的期間，睡午覺這件事沒有被排進每天必做的行程，但我認為，如果企業能逐漸將其導入日課之中的話，也是個很不錯的做法。多項研究表明，在正午過後的時段，採取積極的短時間睡眠，能夠提升下午的工作效率，稱為「高效午睡」（power nap）。日本的企業似乎也正致力於推動員工午睡。即使時間很短也沒關係，最好能想辦法找時間讓自己入睡。

一天結束之際，在穹頂艙放鬆的時間。即使是第三次的太空飛行，也持續盤腿坐禪。
© NASA

第4章 太空旅行不是夢

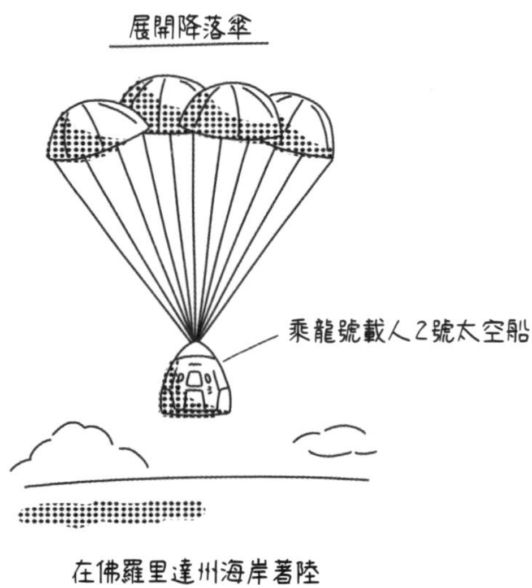
展開降落傘
乘龍號載人2號太空船
在佛羅里達州海岸著陸

民間人士飛向太空的日子

「靈感4號」任務揭開民間太空旅行序幕

二〇二一年九月十八日晚間七點多，新型太空船「乘龍號載人2號」結束為期三天的太空飛行後，降落在美國佛羅里達州外海的大西洋海域中。太空船的艙門打開後，現身的是美國企業家及其招待的賓客，一行四人的姿態都充滿著活力。他們全都是民間人士，不是專業的太空人。

世界上首次實現只由民間人士環繞地球軌道飛行的這項壯舉，是在我從第三次太空飛行歸來，僅僅四個月後所發生的事。

這艘乘龍號載人2號，是將我搭乘過的那艘載人1號再利用製成的。我事前就聽說過太空船的翻修計畫。四月時，我還停留在太空中的那段期間，曾向地球上的各位公開過以下這個「祕密」：

「太空船上附有如汽車天窗般的玻璃，可以將太空盡收眼底哦。」

正如原先預告的那樣，實際翻修過後的太空船，被安裝上巨大的玻璃窗，改裝成一艘便於眺望太空的觀光用太空船。

這艘翻修過後的太空船通行的地球軌道，已達到距離地球五百八十五公里遠的位置，遠高於國際太空站的四百公里。而且，它還透過NASA和SpaceX由管控中心進行遠距操作，實現了夢幻般的自動駕駛技術。

飛行中的四人，除了為研究調查太空環境對人體的影響而進行抽血、測量心跳之外，還透過轉播，將演奏烏克麗麗、繪畫的情景傳遞給地球上的觀眾。

這次的飛行任務稱為「靈感４號」（Inspiration4）。搭乘太空船的四名乘客中，也包含在幼年時期便接受癌症治療，且目前體內裝有人工關節的二十九歲女性。這讓我們能確認，今後即使是帶著健康風險的民間人士，也有前往太空的可能性。就這樣，正式的民間太空旅行就此拉開了序幕。

轉向太空觀光的乘龍號

重新回想我搭乘的乘龍號載人1號，深切地體認到，這艘太空船是徹底意識到如今的民間太空旅行時代所製造出來的產物。

其內部裝潢以白色和黑色為基調的時尚風格當然不必多說，駕駛艙裡還拿掉按鈕和儀表板，改為只設置觸控螢幕的簡潔設計。以往排列在太空梭的駕駛座上，堪稱有三千個按鈕之多的功能，現在包含太空飛行的畫面在內，全部都顯示在觸控螢幕上。只要接受過一定的訓練，即使是民間人士，也能確保他們有辦法操作這些功能。

飛往ISS的乘龍號載人1號。艙內的窗戶被拍得比實際中大一點，可以從這裡欣賞艙外的景色。©JAXA/NASA

這是有原因的。例如，發射升空的時候，只需要在面板上顯示與火箭推力相關的操作畫面就可以了。而當太空船和國際太空站對接時，為應對連接時伴隨的問題，也只需要知道艙內溫度及溼度等數據即可。反之，當太空船要脫離的時候，也只需要確認和國際太空站之間的電源與通訊系統是否有顯示正確切斷的畫面便足夠了。

過去的駕駛艙必須以十分複雜的形式操作，現在只需要像使用智慧型手機一樣，根

乘龍號太空船的駕駛艙可以使用觸控螢幕操作了。© NASA

據觸控螢幕上顯示的畫面，以一根手指頭操作就可以了。

透過太空船內部這種時尚的裝潢，以及簡單的操作介面，可以清楚地展現出能讓大家想著「好想搭乘看看啊」、「好酷啊」等推廣上的優勢。

此外，在太空觀光中不可或缺的，就是能享受艙外景色的巨型窗戶。當太空船返回地球，進入大氣層時，會暴露在約攝氏三千度高溫的危險之中，原本是盡可能避免像窗戶之類的開口。

但是SpaceX的堅持不懈真是令人驚訝。從二〇一二年左右開始，他們就曾多次推出概念模型。起初的設計是在太空船的各處設置多扇窗戶。不過這種設計可能太勉強了吧，我搭乘的乘龍號載人1號，窗戶的數量被刪減了。從外側可以看到許多留有窗戶形狀的地方，都嵌上金屬的壁板。那是在設計階段時預定要安裝窗戶的位置，是經歷反覆試驗後留下的痕跡。

由於考慮到太空觀光，這麼做也是理所當然的吧。太空觀光一旦普及，如果還不像地球上一樣，具備我們平時使用智慧型手機的觸控功能，或者設置大型天窗的話，觀光客是無法得到滿足的。太空事業已經進入這樣的時代了。

民間太空飛行熱潮

另一個改寫太空飛行歷史的事件，已經在美國發生了。二〇二一年七月，維珍銀河（Virgin Galactic）公司的「太空船2號」（SpaceShipTwo），以及IT巨頭亞馬遜公司的創辦人傑夫．貝佐斯所搭乘的藍色起源（Blue Origin）公司的太空船，相繼完成高度一百公里的太空飛行，在全世界造成轟動。這是比SpaceX的靈感4號任務還要早兩個月達成的壯舉。

該飛行方法被稱為「次軌道飛行」，是在相當於大氣層與太空的交界處，也就是高度約一百公里的地方飛行。雖然飛行時間僅約數分鐘，但這趟旅行是可以在體驗到無重力漂浮感之後，直接返回地球的一種飛行方法。

當時，已經返回地球上的我，在接受媒體的採訪時，曾對太空觀光事業表達這樣的看法：「太空旅行的費用將會降價」、「與太空人同行的太空之旅，也可以用六天達成。僅用一天時間就能看到極光、加勒比海的珊瑚礁，還有喜馬拉雅山脈的方法，就只有太空旅行了。」我對商業化的太空飛行寄予厚望。

實際上，訓練和健康檢查只需要花上三天的時間，據說每人僅需花費二十五萬美元（約七百五十萬台幣），如果變得更便宜的話，一般人也有可能實現夢想中的太空旅行。

美國將這兩次的太空飛行視為本來就該發生的事。這是因為，上述兩家公司都已經花費十年以上的時間，不斷累積成果。

以下這兩件事可能意外地不太為人所知。藍色起源公司的火箭是垂直發射升空、垂直著陸的。這種垂直發射及著陸是SpaceX知名的運作方式，但更早成功的其實是藍色起源公司。

而維珍銀河公司則是承接了「太空船1號」（SpaceShipOne）的研發成果。「太空船1號」於二〇〇四年達成由民間企業首次成功進行的高度一百公里的載人太空飛行。從實績來看，維珍銀河公司也可以說是一間比SpaceX更早奠定太空事業基礎的公司。

如上所述，即使只是一般民眾，而非專業的太空人，現在也有辦法前往太空了。但出乎意料的是，日本社會在談論這件事時似乎並不怎麼熱烈，又或者說，好像把它當成如異世界般缺乏真實感的事情一樣，平淡地接受了這個事實。讓我留下了非常深刻的印象。

這類話題也經常會在電視台提及。他們走訪太空開發的最前線，問道：「什麼時候才能上太空啊！」早在十五年前，日本上班族就已經向維珍銀河提出：「我要上太空！」而這個話題直到現在仍反覆出現。

如果我被電視台問到：「我們要等到什麼時候才能上太空呢？」那我大概會這麼斷言吧：「二〇二一年七月。這個答案已經出來了。」

毫無疑問的，今後無論是誰都可以上太空了。太空已經變成一個只要支付費用，即使沒有資質、經驗，以及崇高的理想，也能夠前往的地方了。

大家在意的費用，只要能由民間主導發展，企業之間必然會產生競爭，自然也會引起價格破壞。太空絕對不是只有專業的太空人及有錢人才能踏入的世界。

SpaceX打造的太空革命

令人吃驚的單一公司生產體制

創造出乘龍號的SpaceX，是伊隆．馬斯克（Elon Musk）於二〇〇二年創立的，首屈一指的美國民間航太企業。SpaceX為簡稱，正式名稱為Space Exploration Technologies Corp.（太空探索技術公司）。

SpaceX的總公司大樓和工廠的所在地，坐落於加州洛杉磯的郊外[1]，那裡以「航太產業聚落」的稱號為人所知。SpaceX將原先就存在的舊倉庫再利用，展現了SpaceX對於成本控制的理念。

面積廣大的用地中，也包含電動汽車龍頭「特斯拉」的大樓及倉庫群。在總公司內部，有一間常在發射直播中出現的玻璃控制室。在它的前方，還有從太空歸來且留有燒焦痕跡的「乘龍號貨船1號機」，就這樣引以為傲地懸掛在上方，著實讓人留下深刻的印象。

如果要用一句話概括SpaceX這家企業的特色，那就是，「從機體的規劃和造型設計，軟體開發，實際的零件製造及機體構造，到發射升空及之後的運用為止，全都是自己負責的。」SpaceX正是這般令人驚奇的單一公司生產體制。

如果是以前的太空梭，會使用從美國各地製造商引進的各式零件，像拼布般將其組裝起來。這種作業其實需要耗費龐大的時間和成本。回憶起當時的狀況，就覺得SpaceX這樣的單一公司生產體制無疑是劃時代的轉變，他們真的做了一些讓我們感到驚訝的事情

SpaceX的CEO伊隆．馬斯克。他同時也是電動車「特斯拉」的共同創辦人。© NASA

舉個實際的例子吧。在乘龍號載人1號發射升空的兩週前，我們四名太空人進入太空船進行測試。

坐到座位上後，發現設置在腳邊的腳踏板是以手動收納的。試著操作手把後，發現腳踏

1 譯註：SpaceX在二〇二四年八月把總部遷到美國德州布朗斯維爾（Brownsville）的Starbase。

板和椅子本體之間咬合得非常牢固。

這就不妙了。乘龍號會從地球上以垂直方向出發前進，並在中途開始以水平方向飛行。如果雙腳下的踏板無法改變位置，就沒辦法隨時調整好身體的姿勢。

當我們指出這點瑕疵後，SpaceX的工作人員便實際來到現場，對照設計圖和實際尺寸之後，立即開始執行修復作業。隔天，腳踏板已經能如我們所願地移動了。這件事讓全體太空人都大吃一驚。

如果是傳統的航太企業，由於製造現場和總公司的工程師不在同一個據點，因此當發生問題時，必須先討論該如何找出原因，並在取得多數人的共識後，才能以公釐為單位來修復零件。這是一直以來必經的流程。像SpaceX這樣迅速地因應問題，是以往不可能發生的。

SpaceX如此出色的機動性，也是由於大部分的零件都改為內部製造的成果。除此之外，至今一直以手工作業進行的火箭引擎等零件製造，也改為使用包含精密度較高的3D列印在內的最新技術，從而降低成本。

就連用於外壁的碳纖維強化聚合物（Carbon Fiber Reinforced Plastics）這樣的複合材料，也是由自家製造，實在令人感到驚訝。這是一種用碳纖維將樹脂強化的複合材料，是極其堅固和輕量的纖維強化塑膠。如果是其他航太企業，或許會考慮不由自家製造，而是轉包出去給別人做比較方便。

就像這樣，SpaceX將「製造內部化」的發想遍及每一個細節，各部門都對少量生產的特殊化訂製品表現出各自的講究。

說到講究，我在多次前往SpaceX的過程中，還發現了一個很有意思的部門。

我和伊隆・馬斯克合影。©Soichi Noguchi

說起來，所謂太空船機體製造商，其實也算是一種製造金屬器具的工廠。然而，在SpaceX的基地內，甚至還有太空衣的縫製工廠。出乎意料的是，當中也有許多日本籍女性在那裡工作。

話說回來，亞裔女性從以前開始就在紐約的唐人街支撐著那裡的縫製產業，因此過去也有「時尚產業來自亞洲」的說法。在SpaceX工廠工作的諸位日本女性，確實為我們製造了那些輕便又時尚的太空衣。

順帶一提，SpaceX的創辦人伊隆・馬斯克是南非出身的移民。他在十七歲時獨自移居加拿大後，又到美國的賓夕法尼亞大學讀經濟學和物理學，是一名經歷刻苦奮鬥後，終於奠定今日成功地位的人物。

我第一次見到他，是在二〇一六年的時候。我到現在都還記得，當我告訴他「第一個搭上乘龍號的外國人，一定會是我哦！」的時候，他那一臉吃驚的模樣。這是一個只要擁有實力，就能獲取榮譽的世界。我也是從那之後經歷了反覆訓練，才有幸實現搭乘乘龍號的目標。我深切地感受到，太空不是僅限於某些人，而是向全世界開放的廣闊天地。

曾經被看輕的SpaceX

SpaceX第一次發射火箭，是在創業四年後的二〇〇六年。裝載人造衛星的「獵鷹1號」運載火箭（Falcon 1）在發射後不久，就立即遭遇引擎故障問題而掉落海上。隔年的二〇〇七年，第二次發射升空的獵鷹1號未能完全進入地球軌道。二〇〇八年的第三次嘗試因火箭分離失敗，也未能成功。同年進行的第四次挑戰終於成功，並獲得「首次將火箭送上軌道的民間企業」之殊榮。二〇一〇年，雖然在無人太空貨船的飛行測試上也取得成功，但獲得的評價卻絕對稱不上理想。

當時，JAXA已經成功發射無人太空貨船「白鸛號」，並正式全面運行；歐洲太空總署開發的無人太空貨船「ATV」也已經十分活躍。在這個競爭激烈的領域中，SpaceX已經落後。

此外，當時的NASA還拚命對多次經歷失敗的SpaceX提出暫緩發射火箭的要求：「你們進行的速度太快了，希望能更仔細地確認數據再進行下去。」據說SpaceX甚至與NASA發生衝突，表示「已經沒問題了」。包含我在內的JAXA成員也都想過：「照這樣下去，SpaceX的將來實在令人感到擔憂。」

然而，SpaceX並沒有那麼好對付。會從貨船這個領域著手，想必是因為能在不用擔心人員生命危險的狀況下進行發射吧。我認為，這應該就是伊隆．馬斯克一貫的實踐哲學——從失敗中學習、從實踐中獲取經驗。

將掉落至海上的貨船回收，反覆試驗再利用的方法就是其中之一。SpaceX在貨船這個領域累積了許多實務經驗，在嘗試再利用的同時，也持續追求削減成本的方案，自己開闢了一條太空載人飛行領域的道路。

之後也發生與獵鷹1號同樣的情況。二〇一五年，一支火箭在發射升空後就立即爆炸，破壞了貨船。隔年的二〇一六年，「獵鷹9號」運載火箭（Falcon 9）也在燃燒試驗中發生爆炸。雖然無法消除NASA當局的不安，但SpaceX每次都會在發生事故時查明其中的原因，並將問題解決，最終也說服了NASA。

最重要的是，與其只是透過調查所有數據來驗證該技術的安全性，不如先藉由開發新技術來解決已經發生的問題，從而採取下一步行動，這樣不是更好嗎？我認為，那一定就是「SpaceX精神」了。

SpaceX引以為傲的三大力量

以我這個在將近十年的時間裡一直關注著SpaceX的人來看，其強項大約能概括為三種。

第一種是「創新」（innovation），也就是具有「革新性」的意思。在像SpaceX這樣的新興企業進入太空產業之前，諸如波音、洛克希德・馬丁（Lockheed Martin）、諾斯洛普・格魯曼（Northrop Grumman）等大型企業，早已經紛紛投入太空產業，並在這領域中占有一席之地。他們成為聳立在新興企業面前的高牆，就像在表示「太空領域可不是一個這麼簡單就能成功的世界」，堵住了前方的去路。

也就是說，他們宛如在傳達：「總之，太空是很危險的，需要複雜的系統。這是一個需要眾多工程師運用他們優異的工學知識，才終於能取得卓越成就的領域。」從這個意義上來說，想要進入太空產業，就得採取極為保守的著手方式，並具備反覆確認的嚴謹態度。這樣的價值觀雖然確保了安全性，但也導致了高昂的成本。

在這樣的狀況下，SpaceX帶來了創新。不拘泥於以往的手法，提出「任務取向」（task-oriented）的思考方式，意即先設定目標，接著再考慮為了達成這個目標，應該要做些什麼努力才行。總歸來說，其信條就是「為了達成目的，不拘泥於既有的方針，而是以靈活的發想作為企業營運的基礎」。

第二種是「敏捷」（agile）。這是在美國的企業中經常會聽到的詞語，也可以使用「速度」（quickness）這個說法，就是機敏、迅速的意思。企業決策的迅速性自然不用多說，包括資金籌措、生產線的管理、營運體制在內的所有方面都十分敏捷。

當然，能做到這一點，是因為組織的規模非常精簡。間接部門[2]是多餘的。試著想像一下那些會在工作現場跟大家嘮嘮叨叨的總公司管理部門人員，應該就很好理解了吧。在SpaceX裡，幾乎不存在這樣的人。得益於此，重視一線人員而非管理層的

「現場主義」才得以完善。

在第一線製作物品時，有時候也會覺得好像哪裡不太對勁。究竟是設計不好呢？還是製造不好呢？又或者是當初開發的方針有問題呢？像這樣的檢討，在SpaceX裡會一下子就全速朝著解決的目標前進。由於組織規模精簡，位於同一棟建築物內，因此組織上下的協作既直接又緊密。我想，這就是SpaceX不可或缺的要點。

第三種是「急進」（radical）。總而言之，就是不會去迴避變化。這對日本的公司來說，大概是個很刺耳的話題。

日本在「改變現況」這件事上偏向保守，因此對「雖然改變可能會造成失敗，但還是稍微嘗試一下」，以及「正是因為經歷過失敗，才可能接續下一次的成功」的意識也較為薄弱。公司內部的書面請示流程十分冗長，耗費太多無謂的時間和勞力。我總認為，日本的公司需要進行內部協調的事情是否實在太多了？當出現問題時，除了撰寫公司內部報告書之外，向管理層說明狀況也要花上好幾個月的時間。

其他公司在走這些流程的時候，SpaceX早就已經製造出新的東西，並順利完成測試了。他們以一種「不知不覺間就已經完成」的速度在進行開發。而且，他們不會隱藏失敗，而是積極公開自己的失敗，並運用到下一次的開發上，是一家極為具有進取精神的企業。

2 譯註：在組織中，負責的業務與利益有直接相關的部門稱為「直接部門」，而為直接部門提供支援的就是「間接部門」。

太空梭和聯盟號飛船的時代

在全美各地「流浪」的太空梭

美國曾經推動太空梭計畫，將其作為一項國家事業，實際上很大程度上是為了培育美國的航太產業。由於美國的各州都有具有影響力的參議院議員，因此說不定他們也相繼向政府提出質疑：「為什麼我們這州沒有太空梭的零件製造工廠？」因此美國各州有很多太空梭零件製造商，據說零件總數高達兩百五十萬個。

每種零件都有它們各自不同的維修方法，零件越多，遇到故障時的處理方式就會越繁瑣。由於NASA擔負了全部的設計責任，所有零件都要經過NASA認可，不過製造技術仍然掌握在個別的公司手中。

也因為如此，雖然可能有人會認為：「只要有設計圖，NASA不就能自行製造零件了嗎？」但其實這是做不到的。即使只是製造一種閥門，明明要使用的零件數量只有四個，但為了慎重起見，也會跟零件製造商批進二十個，將其放置在大型倉庫中，以防零件壞掉時能夠補救。

有一件很具代表性的軼事。一九八六年，「挑戰者號」太空梭（STS Challenger）發生事故，為了取代這架太空梭，面臨必須重新製造的窘境。然而，製造新的太空梭時，卻光是使用原先準備用於替換的庫存零件就完成了。也就是說，儘管需要製造出一整架太空梭，但倉庫裡存放的零件數量，竟多到足以製造新機體。

問題還不僅僅是零件過多而已。當太空梭從太空返回地球後，為了再次飛行，需要進行檢查作業，為此得把機體各個部分運送到美國各地進行維修。比方說，主火箭引擎在阿拉巴馬州、固體火箭推進器在猶他州、太空梭軌道器（太空船的本體）在加州洛杉磯。在某種意義上來說，像這樣將大型機體運送到全美各處，彷彿在各地流浪的情景，實在是挺滑稽的。

不過，由於這種做法會為全美國各州帶來利益，因此就政策上來說並不是一件壞事。只是，從簡單地運用太空船的角度來看，當時的體制實在過於複雜，無論時間和製作成本當然持續處在居高不下的狀態。

聯盟號飛船的製造構想

我在第二次太空飛行（二〇〇九至二〇一〇年）時所搭乘的，是由俄羅斯研製而成的聯盟號飛船。它的製造構想與太空梭完全相反，十分有意思。

俄羅斯擅長運用「已經成熟的技術」。雖然也出現過幾架聯盟號飛船的改良型機體，但是他們非常重視一直以來使用的技術，也多次運用這些技術，所以從開始進行的一九六〇年代開始，基本上都是使用同一種設計。

由於設計陳舊，因此設置於艙內的機械並沒有再規劃得更簡單，配置的管線也和以往一樣遍布艙內。包含冷卻水用的裝置在內，艙內充滿大量需要手動操作的閥門。如果發生漏水狀況，直接用手拴緊會比較快。這與俄羅斯的房屋及舊車的設計十分相似。無論發生什麼問題，總之以手動的方式解決吧；當發生故障時，只更換必要的零件吧。飛船的構造就給人這種感覺。

艙內主要使用輕巧的鋁金屬，幾乎沒有以複合材料製成的東西。沒有漂亮的曲面設計，也沒有時尚感，而是有很多方方正正的突起物。不過，它的成本低廉。

此外，由於聯盟號飛船每次使用完就會廢棄，因此在下次飛行時，一定會是新製品。每年都會持續製作兩架新品。所以，雖然設計陳舊，但製造技術卻是每半年就會更新一次。「已經成熟的技術」便是這個意思，機體本身是全新的。出乎意料的是，它也會毫不猶豫地引進平板電腦和Wi-Fi等流行的技術，這或許也是俄羅斯的一大特徵吧。

只是，聯盟號飛船還存在一個困難點，那就是身高限制。一九六〇年代，俄羅斯太空人加加林（Yuriy Gagarin）成功飛向太空，要說聯盟號飛船就是以那個年代的俄羅斯人身高為基準設計的應該不會有錯。一百八十二公分到一百六十四公分的上下限，由於一直存在這個身高限制的門檻，因此特別是對日本女性來說，聯盟號飛船是道難以進入的窄門。

美國的太空梭以「可重複利用的太空船」之定位發揮了重要作用。於2011年退役。

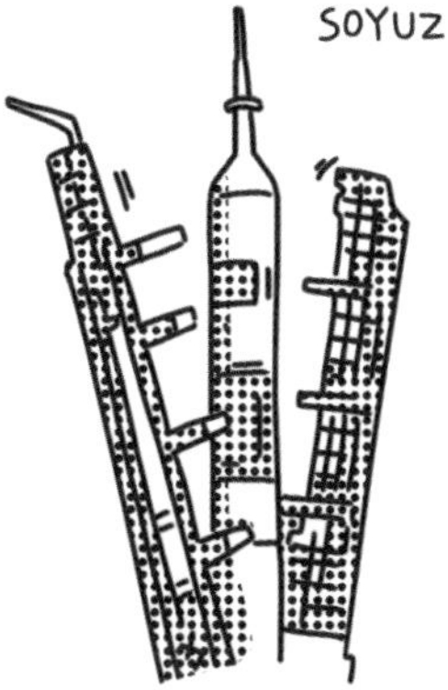

俄羅斯的聯盟號飛船，從哈薩克發射升空。

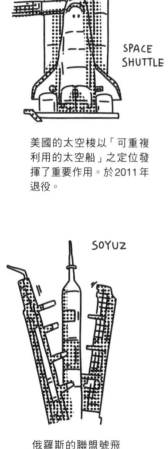

太空觀光時代來臨

往返國際太空站的旅行

說到SpaceX成功完成的靈感4號任務，便是設計出能讓民間人士花上三天時間享受環繞地球軌道樂趣的方案。再往上提升一個等級的話，大概就是讓民間人士搭乘太空船往返國際太空站的旅行了。這個構思也已經逐漸實現。

二〇二一年十月，俄羅斯國營太空開發企業「俄羅斯航太」（Roscosmos）於哈薩克的拜科努爾太空發射場發射了一架載有電影演員、導演、太空人共三人的聯盟號運載火箭。身為民間人士的演員在太空中拍攝電影，實屬首次嘗試。聯盟號與國際太空站對接後，三人展開為期十二天的拍攝工作。

根據外電報導，電影的暫定名稱為《挑戰》。聽說劇本內容為一名女性醫師援救在太空中失去意識的太空人。主演為俄羅斯女演員尤利婭・佩雷西德（Yulia Peresild），而太空人這個角色則是由同行的專業太空人安東・什卡普列羅夫（Anton Shkaplerov）飾演。尤利婭在火箭發射前的記者會上回顧道：「無論在身體上還是精神上，訓練都是十分艱苦的。」甚至還表示：「需要發揮感性的演員工作，與太空人必須具備的能力是完全相反的。」

我深刻理解這樣的心情。想要停留在國際太空站，就必須進行等同於專業太空人的正式訓練。對於要接納民間人士的國際太空站來說，應該也會感到非常緊張吧。這是因為，如果發生緊急狀況，將會由當時擔任站長的JAXA太空人星出彰彥來帶領大家解決。

雖然情勢慢了一步，不過美國的太空企業「公理太空」（Axiom Space），也預定於二〇二二年一月[3]將載有美國人、加拿大人、以色列人等，共四位民間人士的太空船送上國際太空站。而這次飛行，將會改裝我所搭乘的乘龍號載人1號來使用。

公理太空的任務，是在太空船與國際太空站對接後，於太空中展開科學實驗及教育計畫，因此被定義為非觀光的太空飛行。

3 譯註：實際上於二〇二二年四月發射成功。

擔任艙長職務的是麥可・洛佩斯—阿萊格里亞（Michael López-Alegría），他不只擁有非常豐富的太空飛行經驗，也是我的前輩。專業的太空人將以嚮導的身分，為踏上太空飛行旅程的民間人士擔任領航員。隨著太空觀光時代的到來，似乎也將擴展太空人今後的發揮空間。

挑戰登陸月球

NASA在二〇二一年四月公布，為著手實行以載人登陸月球為目標的「阿提米絲登月計畫」（Artemis program），將委託SpaceX開發能將太空人送上月球表面的著陸機。

阿提米絲計畫是在川普執政時期所制定的計畫，將透過國際間的合作，建造環繞月球的太空站

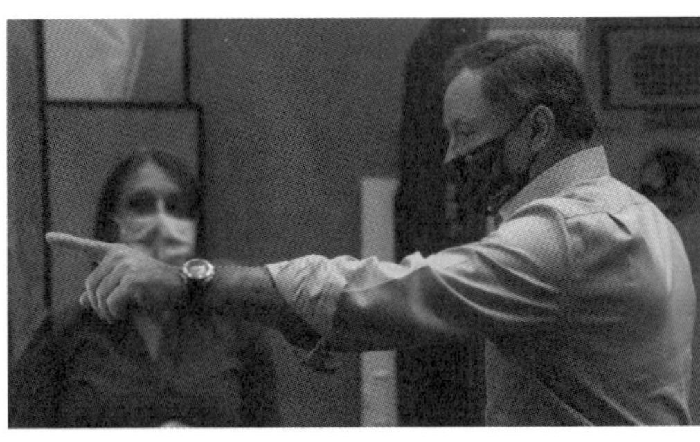

專業太空人，麥可・洛佩斯－阿萊格里亞。©Axiom Space Inc.

「月球門戶」（Lunar Gateway）。除了以「在二〇二四年之前，讓包括女性在內的美國太空人登陸月球」為目標之外，也將火星飛行納入考量範圍。

SpaceX在開發上所追求的目標，是打造具有前往月球、火星之飛行能力的太空船「SpaceX星艦」（SpaceX Starship）。SpaceX的開發金額高達二十八億九千萬美元（約八百六十八億新台幣），美國對此的期待度也越來越高。

至於日本則以「世界上第二個登陸月球表面的國家」為目標，正在向美國展示自身的貢獻。而服飾電商巨頭「ZOZO」的創辦人前澤友作先生，計畫於二〇二三年進行繞月旅行，SpaceX星艦也會運用在這次的旅行上面。

回想起來，對日本人來說，自古以來「月亮」就如同「輝夜姬傳說」[4]所象徵的那樣，被視為一個神聖的存在，是絕對不能被侵犯的領域。然而，現在的日本人搭乘火箭到達月球表面的日子，也絕非在遙遠的未來。這樣的話，說不定將迎來一個以「輝夜姬搭乘太空船回到月球上」取代原有故事的時代。

4 譯註：「輝夜姬」是在日本傳說「竹取物語」中，被人從發光的竹子中取出的女子。

民間投資和國家戰略

在美國的太空產業中，以新創企業起步的SpaceX、維珍銀河、藍色起源這三家公司，強勢成為牽引產業前進的領頭羊。除此之外，還有著手讓民間人士登上國際太空站進行太空旅行計畫的公理太空公司，以及在超小型衛星發射事業上具有活躍表現的納米艙（Nanoracks）公司。

這五家公司現在正備受各界矚目。它們分為兩種：一種是專門製造太空船的公司，另一種是能夠靈活運用這些太空船的公司。無論哪一家，都是包括資金籌措在內皆擁有良好企業經營狀況的公司。

在日本，也有以一百億日圓規模籌措資金的太空新創企業。新創的條件，不僅是擁有高超的技術能力及開發基礎，當被質疑是否具有支撐這些技術的資金籌措能力時，也無法避免資金的問題。

不過，如果可能的話，太空新創企業不是應該還需要再多一位數，也就是一千億日圓的資金嗎？從現狀來看，在日本，「以具有資金實力的大型重工業製造商為主體，來推進太空產業」的形式，或許會比較普遍。

另一方面，日本和美國的政府參與規模也各不相同。正如先前所提到的，美國把阿提米絲計畫的未來託付給SpaceX，並投入超過三千億日圓（約六百三十億台幣）的國家預算。

至於日本，則是在二〇二二年的科學技術領域年度預算中，加入：①新型太空站補給貨機，②對「月球門戶」太空站提供技術支援，③小型登月示範飛行器，④火星衛星探測計畫等，這幾項研究開發事業，總共向政府的財務當局提出三百八十一億日圓（約八十億台幣）的預算要求。

不用說，這些預算當然會在阿提米絲計畫中發揮一定的作用，但就國家戰略來看，總覺得日美的預算規模存在著不小的差異。日本在推動大型計畫時，過度仰賴政府資源的現象普遍存在，因此，我期待這項計畫能為日本的創新產業注入新的活力。

地球和太空的關係

從哪裡開始才算是「太空」呢？其實並沒有明確的界線。不過，美國空軍將80公里以上定義為太空，而一般來說則將大氣幾乎消失的100公里以上視為太空。順帶一提，我們搭乘的民航機大概都是飛行於8至10公里高的高空。

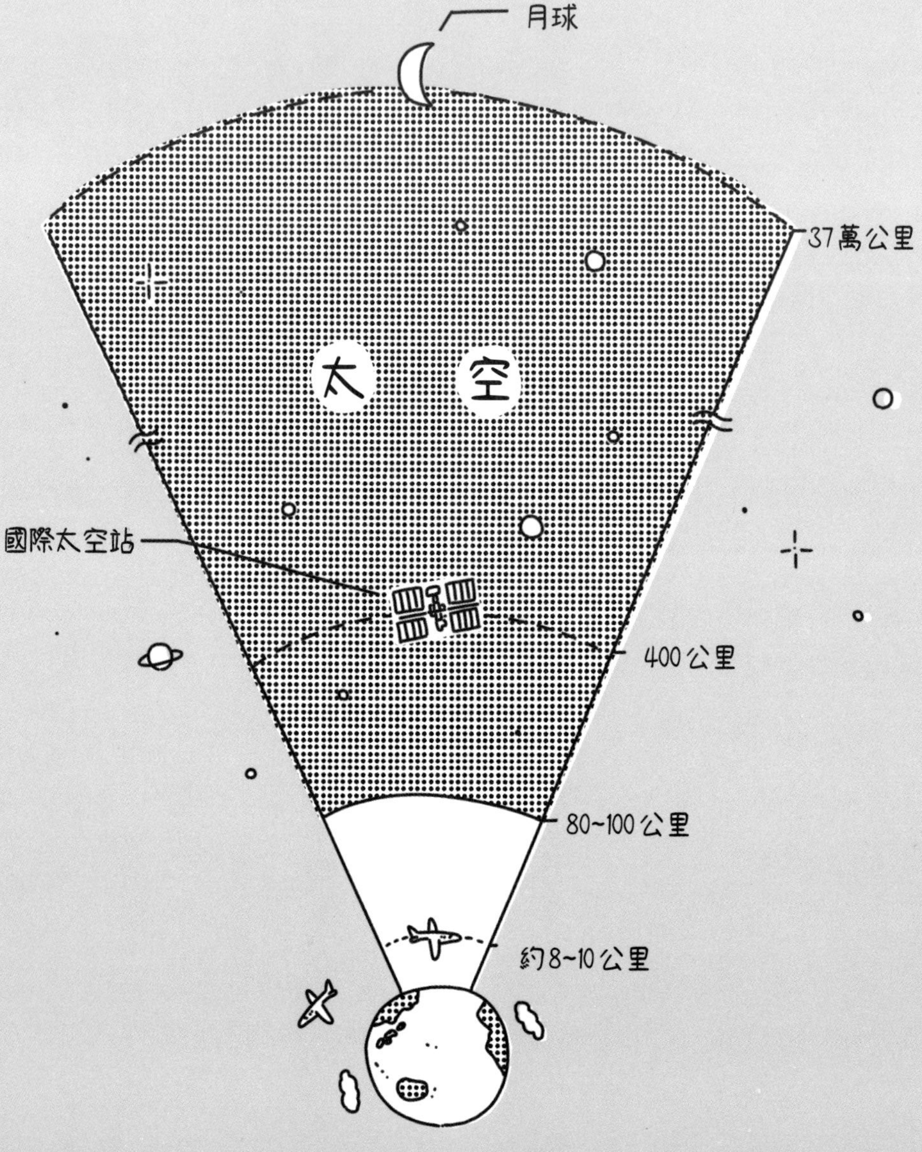

第5章

太空人的內心世界

從太空歸來
立花隆

從太空歸來的人

無法回歸日常的太空人

「野口先生，歡迎回來！」

二〇二一年七月九日，在東京出席回國記者會的我，有幸從蜂擁而至的媒體人員口中，接二連三地聽到恭喜我平安歸來的祝賀聲。其中，還有人向我提出了如此迫不及待的問題：

「野口先生，雖然你才剛回來而已，這麼問真是不好意思，但下次還有機會到太空的話，你想做些什麼呢？」

被問到這個問題時，我臉上露出苦笑的神情回答：「我真的是才剛回來而已……」但也跟大家笑著說：「我待在太空中時，就會想著『好想快點回到地球上啊』，但當我一回到地球上時，又會馬上想著『下次要等到什麼時候才能再去太空呢？』，像這樣的情形我已經重複體會過三次了。」這番回答引得眾人忍不住笑出聲來。接著，我又直接說出當下腦中所浮現的想法：

「下一次能乘坐什麼樣的交通工具呢？可能是一艘駛向月球的太空船，也可能是一艘載滿觀光客航向月球的觀光用太空船。無論如何，我都希望盡可能地以我至今沒嘗試過的方式，搭上不一樣的太空船，再度擺脫地球的重力，飛向太空。如果能實現的話就太好了。」

說實在的，我覺得自己能說到這種程度，應該可算是竭盡全力了。

從我結束第三次太空飛行，返回地球後已經過兩個月左右的時間。一般來說，由於長期停留在太空中，太空人的身體會出現肌力衰退及骨質密度下降等問題。因此，如果不透過四十五天的復健訓練來恢復身體機能，試著讓身體熟悉地球的重力、補充營養的話，就沒有辦法恢復在地球上的生活。

從太空歸來的太空人，不僅要面對身體狀況的問題，有些人甚至會因為找不到能取代太空任務的目標，而出現精神失常、適應障礙的症狀。正因為如此，太空人更需要在剛返回地球後的這段時間多加留意身心狀況。

我當時正試圖花一點時間，慢慢整理自己的心情和記憶。思考自己下一步該做什麼固然重要，但也有一些事情是我想在現階段先準備好去做的。那就是深入探究，在經歷三次珍貴的太空飛行後，我內心產生了哪些變化。我想，我正是為了要找到答案，才會前往太空的。

立花隆先生的訃告

四月三十日，就在乘龍號載人1號太空船即將返回地球之際，新聞工作者立花隆先生離開人世，享壽八十歲。

我是在高中時期讀了立花先生的著作《從太空歸來》，才立志成為太空人。這次的太空之旅，我也將高中時期購買的初版帶上乘龍號太空船。這就是一本如此讓我愛不釋手的書。如果立花先生還健在的話，再過幾年應該就可以讓他實際體驗到太空旅行了。我這次參與的太空任務，才終於開啟了民間太空旅行的大門，也正因為如此，立花先生的死，更讓我感到遺憾不已。

我第一次見到立花先生，是在二〇〇五年經歷第一次太空飛行後，與他進行對談的場合上。他非常認真地聆聽我的話，聽我究竟會用什麼樣的言詞來表達我的太空體驗。在國際太空站待了多久、在那裡執行了什麼樣的任務，這些紀錄當然都有被NASA和JAXA保留下來。但是，立花先生關注的不是那些數據，而是著眼於我在每個當下有什麼樣的感受，以及我會用什麼方式來表達那些過程。他試圖深入太空人的內心世界，並探索其中發生的變化。

可能是因為在《從太空歸來》出版的年代（一九八三年），幾乎所有退休的太空人，都只會繼續留在NASA或航太產業之中，能接受立花先生採訪的對象並不多。因此，在那個對「探索太空人的內心世界」這項議題的關注度絕對稱不上成熟的年代，這本清晰揭示太空經歷對心靈層面影響的書籍，才會成為劃時代的報導文學吧。

立花先生在對話中，仍然保持著當年寫書時的洞察力，不斷地追問。

立花　正如《從太空歸來》中所寫，在美國進行「阿波羅計畫」的那個時代[1]，大部分的美國太空人都在太空中體驗到一種意識的轉變。而且，經歷過艙外活動及登陸月球的人的轉變，似乎遠比只待在太空船內的人要多得多。野口先生曾描述他進行艙外活動時的感覺，就像「站在地球的頂端」。這讓我好奇，當時野口先生究竟在艙外活動中感受到什麼呢？（中略）

野口　從結論來說，我在太空飛行的前後，沒有經歷宗教性的覺醒或是神啟之類的感受。不過，一旦有過「到達宇宙，從太空眺望地球」這樣的經驗，人是不可能毫無任何改變的。（中略）在國際太空站透過窗戶「觀賞」地球的景色，和在艙外活動時將眼前的地球當作一個物體來「感覺」，這兩者感受到的真實性並不相同。（中略）在與地球面對面的過程中，我所思考的是：在這個一望無際的星空中，充滿了生命光輝與真實感的星球，就只有地球這麼一顆而已。

摘自《中央公論》二〇〇六年二月號第五十三頁

《從太空歸來》也指點了當時還年輕的我，即使成為太空人，也未必會有玫瑰色的未來在等待著自己。書中更真實地講述了太空人內心的痛苦與挫折，以及從中振作

1 譯註：一九六〇年到一九七二年，由NASA執行的月球探測計畫。

起來的故事。我覺得讀到這本書對我來說是幸運的。因為直到我飛向太空為止的這段路程，絕對稱不上是坦途。

在我的大學時期，挑戰者號太空梭於一九八六年發生爆炸事故，我深刻領會到太空飛行絕非是個安全的世界。而在二〇〇三年哥倫比亞號太空梭的爆炸事故中，我悲痛地失去了與我同期入行的太空人同事及朋友。原本以輕鬆的心情為夥伴送行，不料卻迎來如此殘酷的現實，他們無法歸來。這突如其來的變故讓我措手不及。

我本來預定搭乘下一趟的航班，所以也深刻體會到，這種不幸是有可能會發生在自己身上的。

NASA的太空梭計畫在那之後中斷了兩年半。對我來說，這段延後時間正好成為一個能讓我好好面對太空飛行的心靈準備期。如果沒有這段緩衝期，直接就被任命展開下一次飛行的話，我說不定會辭掉那次任務。實際上，在哥倫比亞號的事故發生後不久，也的確有幾名太空人表明自己要退役。

雖然我也一直在懷著這種不安心理的同時經歷了三次太空飛行，但是直到現在，我都依然認為立花先生的書成為我的精神食糧，帶我跨越困難的時刻。

這本書還教會了我一件事。雖然NASA和JAXA都在追求「人類最遠能到達宇宙的什麼地方」，把主旨放在「以國家事業的規模來取得成果」上，但立花先生卻對偈限於目標導向的太空開發提出質疑。他從「太空飛行會對人類帶來什麼樣的心靈衝擊」為出發點，持續提出疑問。具體來說，太空開發會以什麼樣的形式為提升人類的心靈做出貢獻呢？他一遍又一遍地向太空人提出這個問題。

也許是受此影響，我才會開始把「探索自己的內心世界」當作終生的課題。每次從太空歸來時，我都會留心要像立花先生那樣，以準確且易懂的方式，將自己內心發生的變化傳達出去。之所以想撰寫本書，也是因為我想好好面對立花先生的離世，並將我在第三次的太空飛行中所發生的事情記錄下來。

尤其，我也一直在問自己，是否會再度面臨我在第二次太空飛行後所體驗到的那種內心糾葛呢？

等著收到退休的勸告

那是我結束第二次太空飛行（二〇〇九至二〇一〇年）時所發生的事。當時，我打破了日本人在太空停留天數的紀錄，以及艙外活動時間的最高紀錄，內心有種自己已經完成所有太空人能做的事的感覺。

第一次太空飛行時，搭乘太空梭所經歷的短期航行，達成了我一直以來都很想實現的夢想。與此相較，第二次太空飛行時，正好是日本政府賭上國家榮譽所建造的日本實驗艙希望號開始運作的時期，也可以說這是關係到日本尊嚴的任務吧。為了回應這個期待，我成功完成了歷時約半年的太空任務。

當時，我在完成兩次太空飛行後，心中充滿「完成一件大事了」的成就感。另一方面，我每天也都在問自己，今後還有能視為目標的事情嗎？還能持續抱持熱忱嗎？

實際上我也想過，既然我都具備長期駐守在國際太空站的經驗了，那麼我也有辭去太空人職務的選項。二〇一一年，太空梭退役後，美國人便不再擁有自己的載人太空船，和我一起接受訓練的幾位美國太空人夥伴也都相繼退休了。我見證了美國太空梭計畫結束的時代轉變。

在美國社會，轉職是很普通的事，太空人也只不過是其中一種職業而已。我被選為太空人候選人、進入NASA的太空人培訓班的時間，大約是在二十五年前左右。在那之後，與我同期培訓的四十四人，幾乎都轉職到民間企業了。其中，大部分的人也都取得事業上的成功。看到他們轉換身分的模樣，我也並非毫無羨慕之心。

無論是在日本還是美國，太空人退役後要如何開創第二人生，都缺乏完善的支援體系。在飛往太空之前的準備期間，以及在飛行的過程中，太空人會獲得非常豐厚的支援，也會受到眾人的矚目。然而，等到完成任務、返回地球後，就會呈現宛如被遺忘的狀態。當然，也有人會進行地球上的支援業務，以協助其他太空人的飛行任務，但也有不少人選擇走上退休的道路。也就是說，從那之後開始，他們就得「自力更生」了。

我在結束第二次太空飛行的兩年後，也就是二〇一二年時，從美國休士頓回到日本後，除了在電視新聞節目中擔任新聞評論員，並開始執筆寫作外，也如第2章所述，參與聯合國的工作。

儘管如此，我也因為還沒找到能與太空飛行相稱的人生目標，而持續不斷地摸索著。那時候度過的每一天，都好像在長長的隧道中徘徊一樣，宛如過著甚至稱得上是職業倦怠般的日子。

面對職業倦怠

參與「當事者研究」

當時，我開始想試著以適合自己的方式，來回顧我在第二次太空飛行後所遭遇的體驗。比方說，太空人所經歷的那種極限狀態，會為人的內心帶來什麼樣的變化？以及，在回到地球上後，若想回歸日常生活，需要經歷什麼樣的過程？因為我在心中想著：如果能弄清楚這個過程，就有機會克服職業倦怠，並展望未來。

出於這樣的動機，我到東京大學尖端科學技術研究中心拜訪了副教授熊谷晉一郎，並加入以「當事者研究」為主題的研究小組。熊谷副教授是一位患有腦性麻痺、需要靠輪椅過生活的小兒科醫師。他是一名從身心障礙人士的當事者角度出發，勇敢地挑戰這項主題的研究者。

或許大家對「當事者研究」這個詞還不是那麼熟悉。這種研究的思考方式是這樣的：

迄今為止，在以身心障礙人士、罹患罕見疾病的患者，或是因藥物成癮所苦的人為對象的研究中，是由身為「專家」的研究者來進行研究的，而患者的身分則是「被研究的對象」。也就是說，這和白老鼠是一樣的。這當中一定有如果不是患者就無法理解的痛苦與煩惱。既然如此，「由患者自己成為研究者」不就是有必要的事情嗎？「當事者研究」是指當事人親自參與研究，與專家共同合作，針對研究主題和制訂政策提出解決方案的一種研究方法。

有趣的是，在熊谷研究室的「當事者研究」小組中，除了有身心障礙人士，以及正在對抗成癮症的幾位「當事者」之外，也有像我這樣的太空人，以及曾參加過帕運的運動員。

開始「當事者研究」的契機之一，是前奧運籃球選手小磯典子小姐發起的行動。小磯小姐以自己的經驗為依據，在醫療界的學會上對現在的運動員健康問題發出警訊。

小磯小姐表示，在國中、高中的社團活動中，如果學生一直被負責運動訓練的教練，以及負責指揮管理的總教練訓斥的話，可能會導致身體變得僵硬。除了比賽和練習以外的時間，都會變得宛如殭屍一樣不靈活。如果過度重視只拘泥於勝敗的能力主義上，這個社會就會只充斥著對勝利者的讚賞，而占絕大多數的輸掉比賽的人，會被逼到陰暗的心靈世界之中。結果導致即使退休後還有很長一段人生，渾渾噩噩度日的弊病卻由此而生。

據熊谷副教授所說，這與成癮症之研究結果有許多重疊之處。在患有成癮症、依賴症的人當中，有不少人在童年時期曾遭受過虐待，還留有心理創傷。當他們在遭受虐待時，即使感到困擾，也會認為自己不能依靠身邊的人，他們面臨了只能依靠：①自己的解決能力，②外在的事物，③地位高的領袖人物，這三者的局面。不必多說應該也能明白，①是指能力主義，②則牽涉到競技運動中的藥物濫用，至於③指的是教練等握有權力的人物。

那麼，為什麼太空人會成為研究對象呢？

據熊谷副教授所說，太空人的訓練過程與運動員的案例是重疊的。舉例來說，為了適應在無重力狀態下的作業，有的訓練會在沒有告知的情況下，就讓對方待在泳池裡好幾個小時置之不理，這情況與運動員的高強度訓練類似。另外他也指出，在一片漆黑之中進行艙外活動時，除了手邊的東西以外什麼也看不見，那種感覺到「如果鬆開這雙手的話，我就會被宇宙的黑暗吞噬」的情景，即使回到地球上後也會如電影的倒敘鏡頭般閃現的體驗，可能與心靈受到傷害的運動員所產生的心理創傷是相通的。

我曾經擔任過「世界太空人會議」這個全球太空人聯誼會的會長。由於當時有機會聽到在返回地球後，仍對日常生活感到困難的前太空人的談話，因此也認為熊谷副教授的研究確實切中要害。熊谷副教授表示：「因為考慮到太空體驗可能和心理創傷有相似的經驗，便開始與野口先生一起展開研究，沒想到太空人的培育過程，意外地與運動員的世界如此相近。」

凝視太空人的內心世界

的確，我也認為太空人和運動員所屬的世界非常相似。兩者同樣都背負著國家的榮譽，投入鉅額預算被培育而成，在承受著壓力迎接正式上場的同時，又要發揮超人般的能力來達成任務。如果成功的話，不僅是本國人民，還會得到全世界的讚賞。

但是，正式登場的任務一旦結束，他們就會變回一名普通人，不得不回到一個與上場時落差極大的日常生活當中，而且很難想像將來的發展，這也是兩者之間非常相似的一點。

當我試著重新審視自己時，便知道太空任務究竟是多麼特別的一段經歷。經過多年的嚴酷訓練後，一旦從地球上起飛升空，由於擺脫了重力的束縛，即使是與家用冰箱差不多重的機器，也可以用一隻手來搬運，而且只要稍微使一點力氣，就可以像在水中游泳一樣輕快地移動。感覺就好像自己的體能瞬間擴張，具備了非同尋常的力量。這樣的日子持續過上半年之後，終究會習慣這種超人般的生活。

在無重力狀態之下，即使是重物也能輕而易舉地搬運。
©JAXA/NASA

如此一來，回到地球上的時候就吃力了。會出現肌肉量、骨質密度和視力下降，以及平衡感喪失等身體上的障礙問題。由於經歷過艙外活動這種與生死攸關的嚴酷任務，即使回到地球上後，當時的心理體驗有時也會如電影的倒敘鏡頭般閃現在我的腦海中，使我的精神無法穩定下來。

又或者，因為在地球上生活讓感官的認知機

能再度提升，那些在國際太空站生活中所接收不到的鮮明景色，以及與多人直接交流所獲得的大量資訊一下子湧了上來，我也因此遭遇過感官麻痺，一度陷入頭暈目眩的體驗。

如果不安排一段相應的復健訓練時間來從這種症狀中復原的話，就會一直以這種「非日常」的感覺過生活，甚至會影響到重新找回自我的能力。

只是，在三次往返太空與地球的過程中，我開始覺得「完全回復成原先在地球時的自己」這種事是不可能做到的。所以，我開始思考，要活用身為「當事者」的立場，盡可能以客觀的研究方式來闡明其中的差異。

之所以這麼想，是因為我認為無論再怎麼分析那些充斥在世間或網路上的數據和最新理論，都沒有辦法貼近當事者的內心。因為透過實際體驗所形成的內心世界，是無法被任何人破壞的，它會成為自己獨有的見解、感受，被切切實實地留存下來。

另一方面，在運動員的世界中，也充滿了眾多朝著目標艱難度日的人們。他們有人從國中時期就開始受到關注，在高中時就讀體育名校，之後進入大學或企業隊[2]

2 譯註：由企業或公會的員工組成的體育團隊。

中，將奧運、帕運視為最終目標努力前行，為此他們必須不斷提升自己的能力。而在重要的賽事奪下勝利的榮冠後，又可能會瞬間感覺被推落無底的深淵。

我與曾經感受到這種激烈落差體驗的運動員見面。

快要燃燒殆盡的運動選手

我是在二〇一八年十一月時，與女子冰壺選手吉田知那美小姐進行對談的。這是我以熊谷研究室成員的身分，所參與的當事者研究計畫之一。

吉田小姐在同年二月的韓國平昌冬奧上獲得銅牌，成為日本冰壺史上首位獎牌得主。在比賽過程中，團隊討論戰術時爽朗地說出「是啊」[3]的口頭禪也成為一大話題，善於帶動氣氛的吉田小姐也提振了團隊的士氣。然而，我從她那裡聽到的經驗談卻落差甚大。正因為如此，我感覺自己的心一次又一次地因她所說的話而感到刺痛不已。

吉田小姐在冰壺運動盛行的北海道北見市出生長大，國中時期在日本錦標賽上表現活躍，掀起了一陣旋風。高中畢業後，她先是到加拿大留學，後來加入北海道銀行的冰壺隊。在一邊擔任行員一邊努力地練習之下，於二〇一四年成為俄羅斯索契冬奧的國家隊選手，為國家隊榮獲第五名的成績做出了貢獻。

接下來，國家隊向她提出的，是一則「戰力外通告」4。其目的看似是為了讓團隊更年輕化，但對吉田小姐來說，卻如同晴天霹靂一般。那是一次如同被推落無底深淵，且失去生存目標的深刻體驗。

沉浸在失意中的吉田小姐，就好像陷入職業倦怠的狀態般，不久之後便從銀行退職了。她想著，無論如何先遠離冰壺吧，便離開北海道到各地旅行。但最後抵達的終點，果然還是冰壺。

她目前所屬的北見市冰壺隊「Loco Solare」的創辦人本橋麻里選手曾向她表示：「我也有想要實現的夢想。雖然女性運動員經歷結婚或生產時，往往會被認為是一項運動生涯的負面因素，但夢想會何時實現的順序是由自己決定的。在這支隊伍裡的話，這樣子就可以了。」於是，她便在新天地重新展開她的冰壺運動。此時，距離接

3 譯註：「そだねー」是北海道方言，因為並非敬語，聽起來特別有親近感而成為熱議話題，甚至獲得二〇一八年度的「日本年度流行語大賞」。

4 譯註：在運動比賽中，由團隊向選手提出「你已經不在團隊未來的戰力規劃內」的通告。

到國家隊「戰力外通告」的那天起，已經過了四個月。

以這次轉變為契機，她改變了自己的思考方式。並非「冰壺運動就是人生」，而是「人生中有冰壺運動的存在」。既然待在球隊中，表現出自己的軟弱也沒關係，依靠他人也沒關係，就算狀態不完美也沒關係。本橋小姐把這種情況稱為「個性」，而非「軟弱」或「弱點」。

為進行「當事者研究」而拜訪東京大學時，與吉田知那美小姐的合照。©RCAST. UTokyo

聽了吉田小姐的話之後，我開始思考，如果一個人面臨到如「戰力外通告」這種壓根都沒想過的人生歧路時，即使間隔很長一段時間，還能夠重新振作起來嗎？

在本書的第3章中，曾寫到惡性循環可以用「Time-out」，喊暫停來切斷。但我想，以吉田小姐的情況來看，與其說她是有意識地設定間隔時間，是否更像是因為遭受過大的衝擊而不禁停止思考，呈現茫然若失的狀態呢？想要從中掙脫出來，並非一件容易的事。如果抱持著放鬆身心的想法，無所事事地度過四個月的話，就可能走不出那段低潮期，也無法再回頭。

不用多說，正是因為有本橋小姐這位無可替代的前輩存在，才使吉田小姐從困境中被拯救出來。不過，吉田小姐的內心理解並接受了本橋小姐的邀請這件事，這並非偶然。由此可見，想必在過去的運動員訓練中，吉田小姐的心靈得到了堅強的鍛鍊，才擁有能在短短四個月就重新振作起來的恢復力吧。

活在當下

吉田小姐第二次出現職業倦怠，肇因於二〇一八年的平昌冬奧。狀況就發生在日本人首次於冰壺項目上獲得銅牌之壯舉，大家一同凱旋歸國的時候。

回到日本後，等待著她們的，是眾人熱烈的歡聲。與其說那是想要將冰壺視為運動的熱潮，不如說更像是對女性選手投以如對偶像般好奇的目光。

吉田小姐感覺到，冰壺還沒有在日本被認可為一項運動，並回顧道：「雖然我的身體已經歸國了，但我的心卻還沒有回來。」若想找回「再努力一次吧」的心情，需要花上很長一段時間。

吉田小姐在陷入長時間的深思後，大概得出了這樣的結論。Loco Solare這支球隊提出的目標是「做好成為世界第一的事前準備」。如果事前準備不足，踏上冰面的那一刻就會被恐懼感侵襲，始終很難產生「接下來就只能去做了」那種擺脫煩悶的暢快心情。

因此，與其執著在得金牌或世界第一這類遙遠的目標上，不如將心力著重在為朝著目標向前時的事前準備階段，想想究竟該怎麼在那個時刻保持生氣勃勃的模樣活下去。也就是說，她得出的結論是，把目標放在實現這項目標的過程上，而不是放在結果上，這正是契合Loco Solare宗旨的思考方式。

若要解釋這是怎麼一回事的話，冰壺大國加拿大就是個很好的例子。在加拿大，球隊間的實力並沒有太大的落差。因此，比起勝敗，粉絲更樂於享受球隊本身的特色，並為其聲援。

據說每當吉田小姐的球隊前去加拿大時，都會聽到有人跟她們說：「你們總是看起來很開心地在玩冰壺，我很喜歡看你們的比賽！」聽到這些話，她們就會覺得自己現在站在冰場上是有意義的。

然而回到日本後，「作為前去奧運參加賽事的隊伍是有價值的」、「因為是能夠取勝的隊伍所以才會得到幫助，所以不奪下勝利是不行的」……如果整天只在這樣的情緒上打轉，我會想要放棄冰壺。

想成為世界第一，但同樣的，也想探究每一位選手的價值究竟在哪裡。對球隊來說，這是超越勝敗，堅決生存下去的動力。只要有這些信念，就能悠然自得地享受比賽的樂趣。

堅韌的生活態度

邊想著退休生活，邊活在當下

我對在「當事者研究」中見面的吉田小姐這樣說道：

「在思考如何才能圓滿退休時，反而是件光彩美麗的事。大多數人的退役都來得非常突然。據說，一位前籃球奧運選手在不得不退休的狀況下，把自己逼入了絕境。無論是奧運選手還是太空人，都無法保證能在接受得了的形式下迎接退休。從榮耀的舞台回歸之後，為了往後的人生，最好還是要考慮一下什麼事情會成為自己決定退休的契機。」

於是，吉田小姐給了我一個明快的答覆：

「Loco Solare在二〇一八年八月法人化了。代表人本橋選手表示：『法人化之後，即使選手發生什麼意外狀況，也可以讓選手以員工的身分受雇於球隊。』或許，法人化帶給選手的安心感，比想像中的還要大。」

的確，退休是一件突然被擺在眼前的事情。無論是奪下金牌，還是以非本人意願的結果結束，退休是必然會到來的。正因為如此，我認為Loco Solare所致力的事情似乎明確地傳達了一個訊息，那就是理所當然地將選手視為普通人來對待。

那些預想了退休後的狀況所給予的支援，或許代表著運動員的世界正在進步。那是我在和日本奧委會的相關人員一起拜訪奧運、帕運的訓練設施時所發生的事。

奧委會對那些被選為代表，並為集訓而努力鍛鍊的選手提出，「請從現在就開始考慮關於退休後的第二職涯規劃」的建議。

對於那些正在努力爭取獎牌的選手來說，應該會想：「這究竟是在說什麼啊？」並感到啞口無言吧。

但是，從這個時間點開始考慮退休後的事情，絕對稱不上太早。無論是留在大學或訓練團隊當教練也好，還是作為體育明星繼續活躍在電視節目上也好，有各式各樣的道路可以選擇。只要做好準備，就能無後顧之憂地專心在訓練上。

每當我要前去太空飛行時，也都會從前輩那裡得到這樣的建議：「最好在這次的任務前做好接下來的打算。」理由是，在正式比賽後或任務結束後，即使想要開始為退休後做準備，也可能會因為職業倦怠而喪失精力，無法往下一個階段踏出第一步。

為彼此帶來啟發

二〇二一年九月，為迎接北京冬季奧運會，女子冰壺日本代表隊資格賽就此展開。Loco Solare從二連敗逆轉為三連勝，擊退北海道銀行隊，最終獲得日本代表隊的資格。

在這場資格賽中，雖然Loco Solare的擲壺成功率高過對手，但始終未能取得勝利。團隊全體經過討論後，確認了「只能以自己的風格來繼續進行這場比賽」的心情。於是，隨著她們在比賽中能像平時一樣表現出喜怒哀樂的情緒後，便宛如變了個人似的，顯著發揮出原本的實力，並成功取得最終的勝利。吉田小姐對聚集在現場的媒體表示：「即使出現失誤，我們也不會變得悲觀。為了改變命運，我們已經做了所有能做的事情。現在的改變程度，已經強大到無法與四年前相比了。」

我在美國休士頓屏氣凝神地注視著這場代表隊決定賽的電視轉播時，也回想起吉田小姐曾在「當事者研究」時說過的話：

「參加北京冬奧時，我的年紀是三十歲。就體力上來說，並不清楚會發生什麼樣的狀況。而在技術和精神層面上來說，我都對自己有所期待，認為自己一定變得更強了。但是，我想朝著下一個目標努力的最大理由，是因為我非常喜歡現在所屬的團隊。我還想再與這個團隊共度四年，想要看到這個團隊最完美的姿態。團隊中的每一位團員都非常有趣，那股力量是未知數。我有可能會在中途受傷，也有可能會成為一個無法令人感到滿意的選手。但是，我還想再次看到現在這些團員在奧運會上拚搏的姿態。我會為了讓自己能站在那個位置上而努力，但有時候我也會自己預測，如果對手能以最完美的表現對戰並獲得勝利的話，那我是不是就會退休並前往下一個階段呢。」

通往奧運的入場券，已經不再只屬於自己了。那是整個團隊所贏得的，所以就算我不是主力球員也沒關係。當時，吉田小姐抱持著這樣豁達的想法。

在日本資格賽上獲勝後沒多久，吉田小姐在Instagram上傳了貼文。在向大家報告：「接下來我將前往加拿大，並參加世界冰壺巡迴賽。」之後，她回顧了同年二月舉行的冰壺日本錦標賽。

當時，Loco Solare在決賽中與北海道銀行隊正面交鋒，以六勝七敗的些微差距落敗。隔天，我從國際太空站撥了通電話給陷入失意的吉田小姐。吉田小姐將當時的想法這樣寫了下來：

「接到了待在太空的野口先生打來的電話。從人生的前輩那裡、從率先達成『第三次挑戰飛上太空』的野口先生那裡，得到了溫暖、有力、再度激勵我心的話語，那正是來自『上天』的聲音。

所謂結果只是一時籠罩身上的光芒。我不會忘記當時的心情，本賽季也想要以Loco Solare的一貫作風，直率、自由、誠實且溫暖地展現自己的光芒。」

原本不會相遇的人們，透過「當事人研究」被連結在一起。現在回想起來，這種研究方式為同為當事者的彼此帶來啟發，注入了新的價值觀與活力，並克服職業倦怠，感覺到比以前更堅強的自己。或許這就是韌性的一種表現吧。

就這樣，我成功完成第三次的太空飛行，並在二〇二一年五月回到地球上。而這次，吉田小姐正為了獲得第三次的奧運參賽權而飛往海外。

從太空中看到的日本九州。© Soichi Noguchi

結語

太空與我的未來

不要放棄挑戰

「大家好，今天我要向太空人野口聰一先生傳達一個特別的訊息。我叫克雷格・葛倫代（Craig Glenday），是《金氏世界紀錄》的主編。我現在從地球上的倫敦發送這則訊息。野口先生在二〇二一年三月五日進行的艙外活動中，刷新了『兩次艙外活動相隔時間最長』的金氏世界紀錄，其間隔為十五年又兩百一十四天。這是金氏世界紀錄的認證書，我在這裡代表金氏世界紀錄頒發給野口聰一先生。」

二〇二一年四月十二日，金氏世界紀錄主編的這部致詞影片，不僅傳送到地球上的各處，還傳送到太空了。在影片中，主編說完他的祝賀後，雙手抓住裱框的認證書，向天空猛力一揮。

影像畫面接著切換到國際太空站，呈現上下顛倒狀態的我將手伸長，確實接住了從地球上傳送過來的認證書（實際上是顯示著認證書影像的平板電腦）。接著，我將身體旋轉一百八十度後，朝著攝影機說：

「有幸能獲得這項認證，真的非常感謝。克雷格先生，我們說不定又創下一項新的金氏世界紀錄了。那就是『距離相隔最遠的頒獎儀式』。」

這項金氏世界紀錄，也在無意中向我們傳達了第三次的太空飛行和過往有著極大的差異。

我上一次的艙外活動，是在二〇〇五年搭乘發現號太空梭時所進行的。艙外任務分為三次，當時四十歲的我有著十分充沛的體力。

在那之後經過了十五年。正如第1章所介紹的那樣，我在二〇二〇年搭乘乘龍號飛向太空，前方有嚴酷的艙外任務等著我。此時，我的年紀為五十五歲。在那之前的金氏世界紀錄保持者，是俄羅斯太空人謝爾蓋・克里卡廖夫（Sergei Krikalyov），他在四十六歲時成功進行了最後一次的艙外活動。相較之下，我的年齡比克里卡廖夫多了將近十歲。雖然也有太空人在年齡比我大的時候進行艙外活動，但是以往沒人有過相隔十五年的時間再次挑戰艙外活動的經歷。

NASA在事前訓練中為我進行嚴格的檢查，每當這個時候我都會自問自答：「現在的你能平安無事地完成艙外活動嗎？」、「你有辦法好好幫助身邊的太空人夥伴，跟他們一起返回艙內嗎？」這不是憑靠過去的實績，而是考驗我在此時此刻能否像十五年前一樣進行艙外活動。

實際上，當看到還是新人的乘龍號夥伴，也就是維克多．葛洛佛在參與艙外活動時的工作表現，我有時候也會產生「我在體力上是敵不過人家的啊」、「果然年輕就是好啊」的想法。

儘管如此，我還是透過這次的艙外任務體認到，我可以用經驗和知識來彌補體力的不足。這樣的話，我是能和年輕的太空人一起進行艙外活動的。活到五十五歲左右，我感受到了「不放棄挑戰」的念頭與成就感。

因時隔15年又214天展開的艙外活動，讓我在太空中被授予金氏世界紀錄證書。©JAXA/NASA

太空螞蟻的寓言

應該有很多人知道《宇宙兄弟》這部人氣漫畫吧。其中有個場景是兩位年輕的主角，與以我為原型而設計的太空人角色野淵展開對話。

情節是關於被問到「為什麼人類要去太空」時，我告訴他們「太空螞蟻的寓言」。我是這樣說的：

各位，請試著想像一下自己是隻螞蟻，是只能在地球上直線般前後移動的「一次元螞蟻」。正在行進時，落下的小石塊擋住去路，已經無法繼續往前進了。

接下來會怎麼樣呢？有些螞蟻會迅速改為往小石塊的左右兩側移動，邁向下一個新世界。牠們是掌握了橫向移動能力的「二次元螞蟻」。

接下來，牠們前方出現一座巨大的高牆。由於牠們只會前後左右移動，所以沒辦法跨越高牆，到達高牆的另一側。

這次還是有幾隻勇敢的螞蟻開始冒著生命危險往上爬。即使幾隻不打算攀登的螞蟻告誡牠們「不可能爬得過去啦」，牠們還是繼續向上爬。掌握了向上攀登能力的「三次元螞蟻」，終於登上高牆，站在高處。在那裡，展現在牠們眼前的，是目前為止從未見過的全新景色……

這則寓言，是我曾對《宇宙兄弟》的作者小山宙哉先生說過的故事。當時，我剛剛結束第一次太空飛行。小山先生為了新作品的構思及考察，與夥伴一同來到休士頓。參觀結束後，我們一邊吃著德州牛排一邊閒聊的內容，就這樣直接成為漫畫中的情節，實在非常有趣。

我想表達的是：當遇到問題時，如果只憑既有的常識來行動，是無法解決問題的。從一次元到二次元，從二次元到三次元，像這樣逐漸提升視野，就一定能發現新的解決對策。這或許正是開創新時代的突破力量。

常識是不斷變化的。只要擁有邁入「新宇宙」的勇氣，一定能遇見志同道合的新夥伴，以及有趣且令人著迷的新事物。重要的是，要在心中擁有這樣的「新宇宙」。

我也曾想過，如今年齡已經達到人生的中途，當遇到困難時，有時會覺得這條路是不是已經走到盡頭了呢？但我相信，如果能運用從經驗中獲得的智慧與教訓，以不一樣的視角來看事情的話，肯定能在尚未注意到的地方發現解決問題的途徑。在那之後，還有很多未知和有趣的事情在等著我們。所以，沒有什麼可放棄的，任何時候都可以進行挑戰。

這次的金氏世界紀錄認證，確實讓我感覺到真實的成就感。沒有像過去在返回地球後，感到失去動力，有職業倦怠、過勞的狀況。我覺得自己找回持續前進的積極心態。

國際太空站的未來

我有幸還獲得了另一項金氏世界紀錄。那就是「第一位用三種不同方法從太空歸來的太空人」。

我首次返回地球的方法是在太空梭的跑道著陸，第二次是搭乘聯盟號飛船降落在草原上，第三次則是搭著乘龍號降落在有海豚游泳的海面上。

要達成這項金氏世界紀錄有一個大前提，那就是我搭乘了美國和俄羅斯這兩國的三種太空載具。仔細想想，日本人並沒有自己的太空載具。我受惠於日本的外交與各國建立良好合作關係，才有辦法締造這項金氏世界紀錄。

我相信，日本在未來國際太空站的國際合作中將扮演不可或缺的角色。

現在，國際太空站早已超過使用年限，俄羅斯更是提出撤退的計畫。這個國際太空站是由美國和俄羅斯合作開發並發射升空的，雖然順利度過了將近四分之一個世紀，但不可否認地，也受到國際情勢的影響。

中國的動向也不容忽視。他們已著手建設自己的國際太空站，且正在進行月球表

2021年5月2日降落在佛羅里達州外海，成功返回地球。©JAXA/NASA

面探測。如果美中矛盾持續下去，中國則可能無法參與國際太空站的計畫。

但是，當美中的政治對立和中國的人權問題變得明朗化時，為了使國際合作的太空開發計畫能朝向解決方案邁進，我希望美中能保持對話管道。而日本則希望與各國合作，將太空開發視為一個國際合作計畫。

而且，我希望太空人之間的交流管道能夠保持暢通。目前有一個名為「太空探索者協會」的組織，聚集全世界的待命太空人，我也以現役太空人的身分持續與其他人保持交流[1]，尤其是與來

1 譯註：本書日文版在二〇二一年十二月出版，作者已在二〇二二年六月退休。

自中國的太空人，因為我和他們有相似的太空經歷，我感受到透過對話能夠促進彼此的認識。

我有個堅定不移的想法。雖然不能否認太空開發計畫中有軍事方面的因素，但至少在上太空時，太空人不是代表哪個國家的利益而去的，而是作為人類的代表，在太空中相互合作、守護彼此的性命。沒有遵守這個原則的話，便會形成兩敗俱傷的局面。

太空人是命運共同體。如果能抱持著「好好守護地球」，以及「讓太空成為能持續發展的領域」的心情，彼此團結在一起就更好了。就目前而言，國際太空站正成為這樣的平台。而乘龍號降落在佛羅里達州外海所締造的金氏世界紀錄，再次象徵著我們的團結。

為挑戰前往國際太空站的前澤友作先生加油

二〇二一年九月二十九日，我參加了JAXA主辦的「太空人野口聰一的任務報告會」。活動開始大約兩個小時後，連上了俄羅斯的遠距影像，正在接受太空飛行訓練的前澤友作先生就此登場。他是知名的大型服飾電商「ZOZO」的創辦人。

前澤先生將於十二月搭乘聯盟號飛船前往國際太空站，預計停留十二天。從六月中旬開始，他已經在俄羅斯接受了大約為期一百天的訓練。

前澤先生是日本第一個登上國際太空站的民間人士，連線時表情顯得有些緊張。

「說實話，我沒想到訓練會如此嚴酷、如此認真，還會維持這麼長一段時間。我深切意識到自己有一半是抱著旅行的心態，真是太天真了，也深切感受到野口先生等諸位太空人的偉大之處。」

的確，這與維珍銀河及藍色起源在距離地球一百公里左右的太空飛行完全不同。如果是離地球一百公里這種程度的太空飛行，十五分鐘左右就是極限了，而無重力體驗只維持四分鐘左右。不必進行專業的太空飛行訓練，只需要接受健康檢查、熟悉逃生方法就足夠了。

為了待在沿著地球軌道運行的國際太空站，前澤先生必須接受專業的訓練。因為食衣住都是在太空中進行的，所以從洗手間的使用到進食的方式等，必須從頭開始學習太空中的生活。

實際上，在靈感4號任務於二〇二一年九月成功進行為期三天的環繞地球軌道飛行前，我曾提前見到要搭上這艘太空船的平民太空人，他們真的是非常努力地接受嚴苛的訓練。其中沒有任何一個人到過太空，也不會有專業人士與他們同行。即使如此，在SpaceX 優秀的教官指導下，他們的訓練依然非常認真。我認為，這類正式的太空旅行將要普及起來。這絕對是一個里程碑。

我在任務報告會上，對前澤先生講述我的想法：

「雖然有人說因為前澤先生很有錢才能去太空旅行，但並不是這樣的。除了獨自一人前往俄羅斯外，那些即使用日文聽都覺得困難的內容，他卻要以俄文學習。更何況，反覆練習的辛苦程度是超乎想像的，真的非常了不起。二〇二一年，除了我和太空人星出彰彥先生之外，再加上前澤先生及同行者的話，就有四名日本人到過太空了。實在是不得了的一年。這是首次達成一年之中共有四名日本人上太空的紀錄。同樣身為日本人，我為前澤先生加油。」

太空旅行的遠景

我認為自己現在正好處在一個十分有趣的時代。以SpaceX為首，持續有民營航太企業進入市場，這些引領著未來十年、二十年太空事業的新手，正在顯著增強自己的實力。

正因為是民營企業，所以共事者並不局限於某個國家，可以跨越國家的界線，以世界性的視野來參與太空事業。現在不是單純地說著「日本代表」或「美國太空船」這類用詞的時候。因為這規模有一整個地球那麼大。所有的「首次」都將成為「全球首次」。就這個意義上來說，在我的三次太空飛行中，第一次是「自我首次」，第二次是「日本首次」，至於第三次，或許可以說是達成了對民營太空船而言的「世界首次」。

二〇二二年一月，美國的航太企業公理太空預計把四位平民送上國際太空站，由NASA的前太空人擔任艙長。如果是在太空中繞著地球軌道飛行，還是需要專業的領航員。

與只歷時幾分鐘的太空飛行不同，在停留天數更長的正式太空飛行中，如果發生什麼異常狀況，也有可能無法交由自動駕駛來解決。我認為有時候只得靠具備深厚知識的專業太空人來處理，才能順利克服危機。

或許，我將來也會從事這類專業領航員的工作。隨著太空觀光旅遊的發展，身為相關經驗者，想必能開拓更寬廣的道路。

陰曆十六的夜晚從國際太空站看到的月亮，這一天的月亮也被稱為「既望」。

說不定，我還可能會參與月球旅行。月球是日本人尚未踏足的地方，是憧憬的所在。真想繞著月球轉一圈，看看月球另一面的模樣啊。畢竟那是從地球上絕對不可能看得到的地方。究竟，那裡真的存在搗麻糬的兔子嗎？又是否會有輝夜姬的住所呢？直到現在，孩童時期的想像也還在持續發展。

當抬頭仰望月球時，我想像著未來的「太空旅行」一定會很美好吧。

致各位讀者

雖然每一代人都有經歷苦難的時候，但對生活在現代的我們來說，過去這幾年的新冠疫情流行確實是個讓人得堅忍承受的時期。二〇一九年底，新型冠狀病毒出現在我們生活的世界中，其威脅剎那間便席捲全球，改變了我們的生活。親愛的親友離世，期待已久的活動被終止或延期，人們的心也跟著被撕裂了。二〇二〇年這個在不久前還令人覺得應該充滿未來感和希望的一年，究竟跑到哪裡去了呢？二〇二一年後，隨著疫苗的普及，人們的日常生活似乎漸漸穩定了下來，但這種混亂的局勢將會持續到什麼時候，應該也還無法斷定吧。

從某種意義上來說，太空人的訓練方式是極為傳統的手工形式，並且是在眾人的共同參與下進行的工作，因此當新冠肺炎疫情盛行的時候大受影響。太空人在嚴密的監視下受到隔離，有時甚至會顧忌與家人見面，和技術指導員及管制官隔著畫面進行討論也成為常態。發射升空的計畫被延期，任務內容也一再改變，這段期間我為了維持對太空探索的熱情，確實經歷了一段掙扎期。

然而，即使身處在這種時代，我們乘龍號載人1號的成員還是決定要挑戰太空。我們為新型太空船取的名字是「Resilience」。這個翻譯為「堅韌」的詞彙，意指強韌的恢復力，克服困難、堅定不移的意志，以及應對各種狀況的靈活性。此外，為了發揮這股「堅韌」的力量，我們意識到「即使在物理上是分離的，也不在心理上產生孤立」。出於對新冠肺炎的恐懼心理，人們為了避免感染而不禁與其他人保持距離。也就是說，在物理上疏遠的過程中，不知不覺間也疏遠了心理上的聯繫。姑且不談是自主的還是強制的，所有人都被迫承受著名為「隔離」的孤立狀況。但我想，人類的未來不應該誕生於孤立之中，而應該誕生於聯繫之中才對。為了克服分裂和別離的悲傷，並開創後疫情時代，重要的正是diversity（多元性）、inclusion（包容性），以及resilience（堅韌性）。換言之，就是承認擁有各種背景的人的「多元性」，並且在確實地尊重和「包容」其多元性的同時，以一體化為目標，提高組織的靈活性及「堅韌性」。向太空挑戰，正是驅使人們的心走向更美好的未來，透過向大家展示我們面對艱難目標時的姿態，將人們的希望延續到明天。我們正是以這樣的心情來挑戰這項任務的。如果各位讀者也能對我們抱持的熱忱產生共鳴，堅韌地跨越這個充滿悲傷與壓抑感的艱難時期，那我也會感到很幸福的。

困難與堅韌共存。——前美國第一夫人蜜雪兒·歐巴馬

在本書的編纂過程中，我得到了「世界文化社」的原田敬子小姐，以及「共同通訊社」的垂見和磨先生的協助。可以說若沒有兩位的協助，本書也不會問世，在此深表感謝。

也感謝我能在身心健康的狀況下，迎來堅韌號發射升空的一週年。

二〇二一年十一月　野口聰一

參考文獻

《宇宙日記　ディスカバリー号の15日》（野口聰一，世界文化社，二〇〇六年）

《スィート・スィート・ホーム》（野口聰一，木樂舍，二〇〇六年）

《オンリーワン ずっと宇宙に行きたかった》（野口聰一，新潮社，二〇〇六年）

《宇宙においでよ！》（野口聰一、林公代，講談社，二〇〇八年）

《宇宙飛行士が撮った母なる地球》（野口聰一、宇宙航空研究開發機構〔JAXA〕，中央公論新社，二〇一〇年）

《宇宙より地球へ　Message from Space》，野口聰一，大和書房，二〇一一年。台灣版：《從太空看地球：傳送給地球住民的訊息》（台灣東販，二〇一二年）。

《宇宙少年》（野口聰一，講談社，二〇一一年）

《なぜ、人は宇宙をめざすのか――「宇宙の人間学」から考える宇宙進出の意味と価値》（「宇宙的人類學」研究會，誠文堂新光社，二〇一五年）

「日常への帰還　アスリートと宇宙飛行士の当事者研究」（東京大學尖端科學技術研究中心主辦研討會，二〇一八年七月三十日）

〈勝たない自分たちに、価値はないのか〉（東京大學尖端研網站，二〇一八年十二月二十一日）

〈RCAST NEW 106 号〉（二〇一九年）

〈微小重力空間での定位：宇宙飛行士による当事者研究〉（野口聰一，東京大學博士論文，二〇二〇年）

《宇宙に行くことは地球を知ること》（野口聰一、矢野顯子、林公代，光文社，二〇二〇年）

〈JAXA 野口宇宙飛行士 ISS　長期滞在ミッションプレスキット〉（JAXA）

NASA 官方網站

JAXA 官方網站

太空人都在做什麼？
宇宙飛行士野口聡一の全仕事術

作　　者　野口聰一
譯　　者　陳綠文

副 社 長　陳瀅如
責任編輯　翁淑靜
特約編輯　沈如瑩
封面設計　Javick Studio
內頁排版　洪素貞
行銷企劃　陳雅雯、張詠晶

出　　版　木馬文化事業股份有限公司
發　　行　遠足文化事業股份有限公司(讀書共和國出版集團)
　　　　　231新北市新店區民權路108-4號8樓
電　　話　（02）22181417
傳　　真　（02）22180727
電子信箱　service@bookrep.com.tw
郵撥帳號　19588272木馬文化事業股份有限公司
客服專線　0800-221-029
法律顧問　華洋法律事務所 蘇文生律師
印　　刷　呈靖彩色印刷有限公司
初　　版　2024年11月

定　　價　420元
I S B N　978-626-314-729-4（平裝）
　　　　　978-626-314-725-6（epub）

太空人都在做什麼 ?/ 野口聰一著；陳綠文譯 . -- 初版 . -- 新北市：木馬文化事業股份有限公司出版：遠足文化事業股份有限公司發行 , 2024.11
面；　公分
譯自：宇宙飛行士野口聡一の全仕事術
ISBN 978-626-314-729-4(平裝)

1.CST: 太空科學 2.CST: 太空人 3.CST: 太空飛行

326　　113012138